纺织服装类"十四五"部委级规划教材

裙/裤装结构设计与纸样

宋金英 著

东华大学出版社·上海

图书在版编目（CIP）数据

裙／裤装结构设计与纸样／宋金英著．—上海：东华大学出版社，2022.9
ISBN 978-7-5669-2088-1

Ⅰ．①裙… Ⅱ．①宋… Ⅲ．①裙子－服装设计－纸样设计②裤子－服装设计－
纸样设计 Ⅳ．①TS941.717.8②TS941.714.2

中国版本图书馆CIP数据核字（2022）第128195号

责任编辑　谢　未
封面设计　黄　翠
版式设计　王　丽

裙／裤装结构设计与纸样
Qun/Kuzhuang Jiegou Sheji yu Zhiyang

著　　者：宋金英
出　　版：东华大学出版社
（上海市延安西路1882号　邮政编码：200051）
出版社网址：http://dhu.edu.cn
天猫旗舰店：http://dhdx.tmall.com
营销中心：021-62193056　62373056　62379558
印　　刷：上海颛辉印刷厂有限公司
开　　本：889 mm×1194 mm　1/16
印　　张：15
字　　数：528千字
版　　次：2022年9月第1版
印　　次：2022年9月第1次印刷
书　　号：ISBN 978-7-5669-2088-1
定　　价：55.00元

前　言

随着时代的进步，消费者对服装款式的要求已从服装的功能性逐渐向审美性发展，追求个性、体现自我的消费心理已是大势所趋，因此只有将结构与设计巧妙地融合在一起，才能紧跟时尚的步伐，满足日新月异的消费者需求。

本书详尽地讲解了女装裙子、裤子的结构设计原理与制版技巧。与其他同类书相比，本书的特点如下：

（1）系统讲解了人体下肢在静态、动态两种形式下的基本特征及对女装裙子、裤子款式造型的影响。

（2）对女装裙子与裤子的原型结构制版进行了较为深入的分析与讲解。

（3）分别以裙、裤原型为基型进行较为细致的裙、裤细节上的结构设计。如裙装中的裙省、裙腰、裙摆、裙开门、裙衩口、裙侧缝线、裙身等；裤装中的裤省、裤腰、裤前中心线、裤开门、裤后中心线、裤侧缝线、裤内侧缝线、裤腿等。将这些构成裙、裤的组成部分，按照其存在的价值进行原理性研究，并与设计巧妙地结合在一起，共同完成真正意义上的结构与设计上的融合与统一。

　（4）本书从裙、裤结构入手，主要讲解其原理与制版技巧，避免以往同类教材就款式论款式的结构设计方法，最大程度地开发了阅读者的创新性思维。原理性的讲解也从根本上强化了读者对千变万化的裙、裤造型设计上的认识与理解。

本书采用图文并茂的形式，在每一章节的开始交代了学习内容、重点、难点，以便学习者有的放矢地学习；并在每一章节的结尾配有课后练习和课后思考，启发学习者深入思考，既适合教学，也适合同行和服装设计爱好者参考与借鉴。

本书在写作过程中得到了山东理工大学纺织服装学院领导、同事的大力支持，在此表示衷心的感谢。

在著书过程中参阅了大量与本书相关的各方面专业资料和文献，在此向相关内容的编著者表示感谢。

由于水平有限，本书难免会出现偏颇与不足，希望专家、同行和服装爱好者给予批评和指正，谢谢！

著者

2022 年 7 月

目 录

第一章 裙、裤结构设计基础知识

【学习内容】

（1）裙、裤结构设计方法及特点。

（2）制版工具。

（3）制图基本常识。

（4）裙、裤结构的基本术语。

（5）人体分析与下肢测量方法。

【学习重点】

（1）正确掌握裙、裤制图的基本常识和基本术语。

（2）掌握人体下肢的测量方法。

【学习难点】

人体下肢的测量方法。

第一节 裙、裤制图工具

制版工具是完成服装结构制图的重要手段，良好的制版工具有助于服装结构设计的准确性。

一、制版桌

制版时所用的桌子，桌面平整光滑，以能放整开牛皮纸或卡纸的大小为最佳。

二、纸

在制版过程中纸样的确定需要经过多次修改完善，因此制版纸需要两种纸质来完成。待定纸样多用牛皮纸，终稿一般用较为厚实的卡纸。

（1）牛皮纸：牛皮纸质薄而有韧性，呈黄褐色，价格便宜，适合反复修改（图1-1-1）。

（2）卡纸：①白卡：白卡纸质厚实，表面光滑平整，反正面均呈白色，多用于终稿（图1-1-2）；②灰卡：灰卡纸质厚实有韧性，一面光滑平整，呈白色，另一面则较粗糙，呈灰色，价格介于白卡与牛皮纸之间，又因其两面色泽的不同而多用于不同功能的服装结构版型（图1-1-3）。

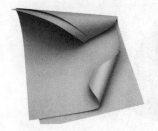

图1-1-1 牛皮纸

图1-1-2 白卡纸

图1-1-3 灰卡

三、笔

（1）铅笔：铅笔主要分H型铅笔和B型铅笔，H表示铅笔的硬度，B表示铅笔的软度，数值越大，代表的硬度和软度就越大，反之则越小。在绘图过程中，多根据需要选择不同的铅笔硬度。由于HB铅笔软硬适度，因此运用较多（图1-1-4）。

（2）针管笔：针管笔主要用于勾画1:5的服装结构纸样，其笔头主要分0.1mm、0.2mm、0.3mm……数值越大笔尖越粗，在制版过程中，多用最细的针管笔勾画服装结构的辅助线，较粗的勾画结构线。有时也可用笔尖不同细度的中性笔代替针管笔（图1-1-5）。

（3）中性笔：与针管笔的作用相同，也用于服装结构线和辅助线的描绘，但由于笔尖的粗细不是很明显，因此通常用于需要加粗的结构线，来完成与辅助线的粗细对比（图1-1-6）。

（4）蜡笔：蜡笔属于多色笔，主要用于服装制版中特殊结构的标记，如袋位、省尖、扣位等（图1-1-7）。

（5）彩色铅笔：与蜡笔的作用相同，都是对服装制版中出现的重点部位或特殊部位进行标注的工具（图1-1-8）。

（6）划粉：划粉有蓝色、绿色、黄色、玫红色、白色和褐色等多种颜色，其质为粉末状，主要用于面料上服装版型的勾画。划粉色彩的选择应与面料色彩相近，如红色面料，用玫红色划粉。切勿用与面料差别过大的划粉勾画，以免造成面料的污浊（图1-1-9）。

图 1-1-4 铅笔

图 1-1-5 针管笔

图 1-1-6 中性笔

图 1-1-7 蜡笔

图 1-1-8 彩色铅笔

图 1-1-9 划粉

四、尺

（1）直尺：直尺分为有机玻璃尺和木尺，长度为20cm、30cm、50cm、100cm、150cm不等；由于木尺易变形，因此直尺多以有机玻璃材质为最佳（图1-1-10）。

（2）三角尺：三角尺多用45°角的等腰直角三角形和30°、60°角的直角三角形，有透明和不透明两种形式，以透明塑料材质为最佳（图1-1-11、图1-1-12）。

（3）量角器：主要用于服装制版过程中所需要的角度测量（图1-1-13）。

（4）皮尺：皮尺又叫软尺，主要用于人体测量，质地柔软，易于弯曲，长度通常为150cm（图1-1-14）。

（5）曲线尺：曲线尺是具有一定曲线的测量工具，其中包括弯尺、云尺、D尺等，主要用于纸样中的曲线绘画，如袖窿弧线、领弧线、裤子的小裆和大裆线等曲线的描绘（图1-1-15）。

图1-1-10 直尺

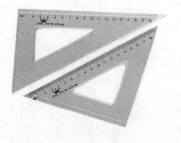

图1-1-11 三角尺

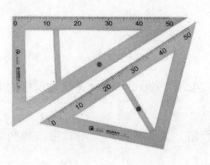

图1-1-12 三角尺

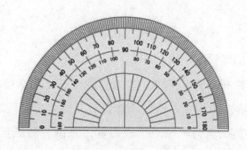

图1-1-13 量角器

图1-1-14 皮尺

图1-1-15 曲线尺

（6）蛇形尺：又称蛇尺和自由曲线尺，是服装结构绘图工具之一，主要用于裙型和裤型特殊造型的曲线描绘（图1-1-16）。

（7）比例尺：比例尺多用于纸样的缩图，为了有效地预览结构图的全貌，制版者常常将裁剪图缩小尺寸于纸上。常用比例尺有三棱形和三角版型，一般有1∶5、1∶4、1∶3、1∶2等比例（图1-1-16）。

（8）放码尺：又名方格尺，适用于平行线的绘制、尺寸的缩放以及缝份的加放，长度一般有45cm、60cm（图1-1-18）。

（9）直角尺：主要用于直角的测量和描绘（图1-1-19）。

图1-1-16 蛇形尺

图1-1-17 比例尺

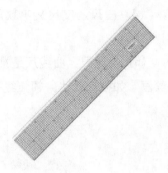

图1-1-18 放码尺

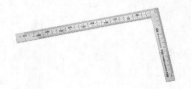

图1-1-19 直角尺

五、剪刀

（1）裁布剪刀：裁布的剪刀是服装设计师必备的专用工具，主要有24cm、28cm、30cm等几种规格的剪刀，使用者应根据手掌的大小选择剪刀的大小（图1-1-20）。

（2）裁纸剪刀：相对于裁布剪刀来讲，裁纸剪刀的要求不是非常严格，只要求剪刀大小适中，锋利即可（图1-1-21）。

（3）剪线头的剪刀：剪刀小巧锐利，剪尖咬合紧密，适合对线头、针脚的剪切与修正（图1-1-22）。

图1-1-20 裁布剪刀

图1-1-21 裁纸剪刀

图1-1-22 剪线头的剪刀

六、其他

（1）描线器：描线器又称点线器，主要用于纸样的复制。通过滚动描线器，将结构线复制在纸样上（图1-1-23）。

（2）圆规：主要用于纸样的缩图练习，在寻找相同距离的位置和圆弧时运用（图1-1-24）。

（3）锥子：主要用于纸样关键部位的定位与矫形，如口袋的位置、省位、褶裥的位置等（图1-1-25）。

（4）透明胶带：主要用于纸样的修正与完善，当纸样反复修正时，通过胶带的粘贴与粘连使纸样达到结构设计的完美效果，当达到预期效果以后再将纸样重新描绘于纸上，这样既完善了纸样，又节约了用纸（图1-1-26）。

（5）双面胶：主要用于纸样的修正与完善（图1-1-27）。

（6）大头针：大头针多用于修正和固定纸样（图1-1-28）。

（7）熨斗：熨斗是制作样衣必不可少的工具，主要用于面料的整烫，样衣的局部固形。以蒸汽熨斗为最佳（图1-1-29）。

（8）橡皮：橡皮多选用素描专用橡皮，主要用于修正制版时所出现的错误（图1-1-30）。

（9）针：在制版过程中，针主要用于样衣的缝制，针的粗细与型号的大小有关，型号越大针越细，反之，则越粗（图1-1-31）。

（10）线：线的种类很多，粗细各不相同，这里主要选用缝纫机线进行样衣的缝制（图1-1-32）。

（11）顶针：在样衣缝制过程中起辅助作用。缝衣针借助于顶针上的小洞，来完成较厚或较硬面料的缝合与连接（图1-1-33）。

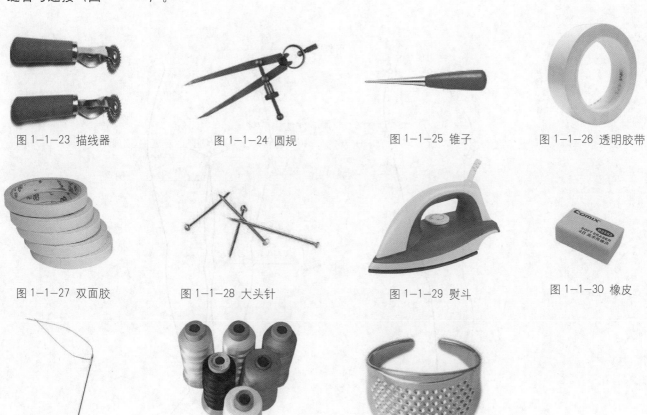

图 1-1-23 描线器　　图 1-1-24 圆规　　图 1-1-25 锥子　　图 1-1-26 透明胶带

图 1-1-27 双面胶　　图 1-1-28 大头针　　图 1-1-29 熨斗　　图 1-1-30 橡皮

图 1-1-31 针　　图 1-1-32 线　　图 1-1-33 顶针

第二节　成年女性人体下肢结构与静、动态尺寸

一、人体下肢结构

人体的各个部位是获得服装尺寸的依据，以人体为基点进行正确的测量有助于提高服装结构线绘制的准确性。但由于人体是复杂的双曲面造型，因此在服装测量时可以选择人体骨骼的端点、顶点、凸起点、凹陷点等具有明显特征的地方，作为测量的基准点和基准线，以此为依据所测量的数据，在一定程度上具有更为合理、准确、规范等特点，也易符合服装制版的要求。

人体又是由相对稳定的不同块面组成，块面与块面之间由易于活动的关节相连接，满足人体的活动量，因此掌握人体活动的规律与活动极限有助于避免服装功能性的丧失。

（一）人体下肢基准点与基准线

（1）人体下肢的基点。前腰中点、后腰中点、腰侧点、臀侧点、后臀高点、前臀中点、大腿根点、会阴点、髌骨点、踝骨点（图1-2-1）。

（2）人体下肢的基准线。腰围线、臀围线、腹围线、大腿根围线、大腿围线、膝围线、小腿围线、脚踝围线（图1-2-2）。

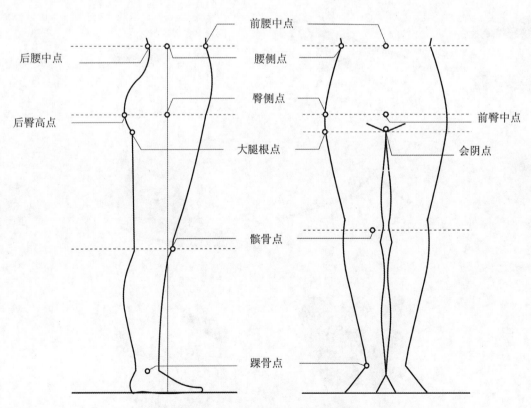

图 1-2-1 人体下肢基准点示意图

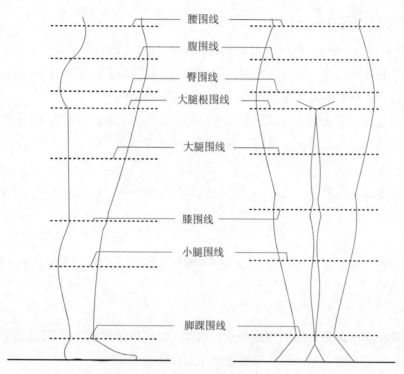

图 1-2-2 人体下体基线示意图

（二）人体的体块与关节（图 1-2-3）

人体下肢的体块分为腹臀、大腿、小腿、脚踝和足五部分。腹臀与胸腔由腰部衔接，腹臀与大腿由大转子衔接，大腿与小腿由膝关节衔接，小腿与足由踝关节衔接，体块与体块之间相对稳定，衔接点是人体活动的关键，这些衔接点的活动量在一定程度上是服装形式存在合理性的依据。

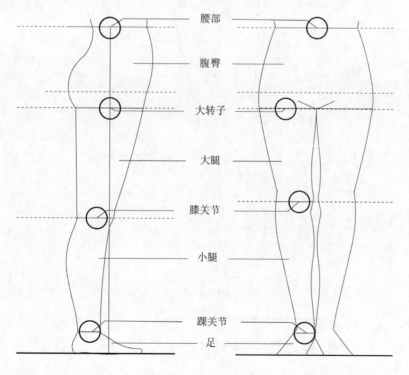

图 1-2-3 下肢体块与关节示意图

二、人体下肢的静态尺寸（图1-2-4）

裙、裤结构基础知识是裙、裤装结构设计学习的关键。裙、裤的结构制版不仅要满足人体下肢的静态要求，更要满足人体下肢的动态要求，因此，裙、裤结构制版应遵循功能性为主，审美性为辅的设计原则。同时，面料的质地、服装的款式、工艺的要求也是制约裙、裤结构设计的关键。

人体下肢的静态尺寸主要是指人体在自然站姿情况下的下肢状态，在这种状态下所测得的数据为人体下肢的静态数据。静态数据的测量主要是裙、裤腰、腹、臀的数据采集。

1. 腰围

腰围是指人体腰部最细部位的围度，人体的实际腰围与肘关节平齐，在此位置上水平围量一周，一般所测尺寸为净尺寸。

2. 腹凸度

腹凸度是指人体腹部与人体垂直线所形成的夹角，根据女性腹部凸起的大小决定腹凸度的大小，是前片裙、裤腰省取量大小的依据。

3. 臀凸度

臀凸度是指起翘的臀部与人体垂直线形成的夹角，根据人体造型的差异，臀部起翘的大小也有所不同，从整体来看臀翘度明显大于腹凸度，这也是后腰省量大于前腰省量的原因。

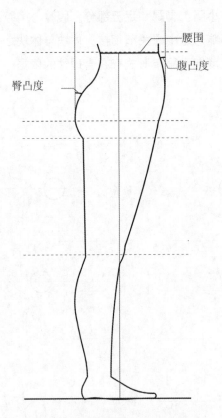

图1-2-4 下肢静态特征示意图

三、人体下肢的动态尺寸

人体下肢的动态尺寸主要是指人体下肢在日常生活中的行为动作，主要包括步行、跑步、攀登、高抬腿，甚至在特殊情况下的跳跃等动作。人体的动态形式决定了裙、裤的整体造型与结构特点。因此，应针对人体不同的下肢活动范围和行为方式，来选择不同形式的裙、裤结构设计与制版（表1-2-1）。

表1-2-1 人体下肢的动态尺寸   单位：cm

动态	足尖至足跟的距离	膝围	作用点
步行	60～70	82～109	步行形式下对裙装下摆的大小、裙摆衩口长短以及裤子整体造型和结构的要求
跑步	70～80	90～120	跑步形式下对裙装下摆的大小、裙摆衩口长短以及裤子整体造型和结构的要求
上楼梯	20	98～114	上楼梯形式下对裙装下摆的大小、裙摆衩口长短以及裤子整体造型和结构的要求
高抬腿	20以上	114以上	高抬腿形式下对裙装下摆的大小、裙摆衩口长短以及裤子整体造型和结构的要求

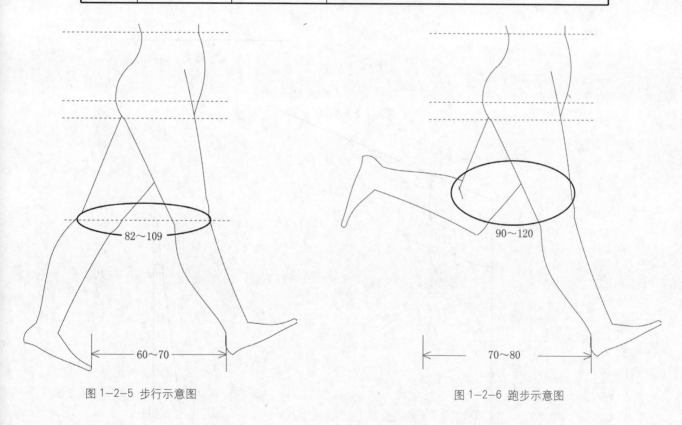

图1-2-5 步行示意图   图1-2-6 跑步示意图

1. 步行（图1-2-5）

通常情况下的步行足距为60～70cm（脚趾与足跟的距离），两膝围度约82～109cm，是裙子结构制版所要考虑的数据范围。

2. 跑步（图1-2-6）

跑步的足距一般为70～80cm（脚趾与足跟的距离），两膝围度约90～112cm。

3．上楼梯（图 1-2-7）

上楼梯时前腿与后腿足距一般为 20cm（后脚脚尖与足跟的距离），两膝间距为 98 ～ 114cm 之间。

4．高抬腿

高抬腿时需要胯部与膝部之间的协调一致，胯部的摆动和膝关节的弯曲大小决定高抬腿的力度与高度，一般情况下胯关节前屈最大 120°，后伸 10°（图 1-2-8），外展 45°，内收 30°（图 1-2-9），膝关节后屈 135°（图 1-2-10），后伸 0°，外展 45°，内收 45°（图 1-2-11），腿部所抬高度根据具体情况而定。

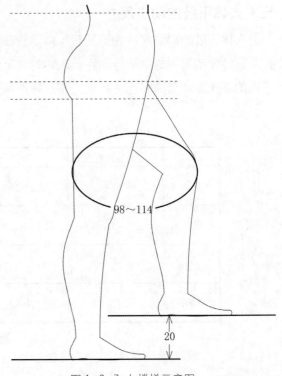

图 1-2-7 上楼梯示意图

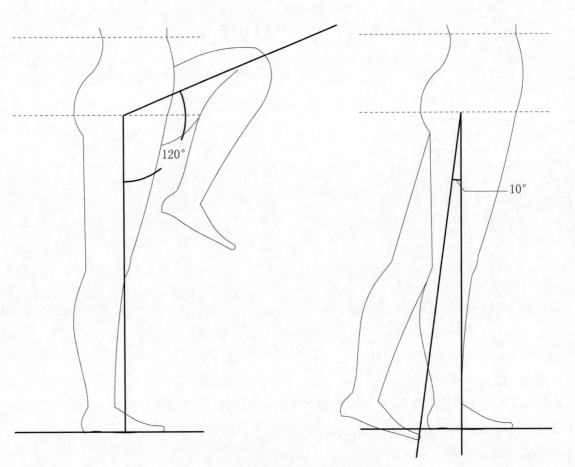

图 1-2-8 胯关节前屈、后伸示意图

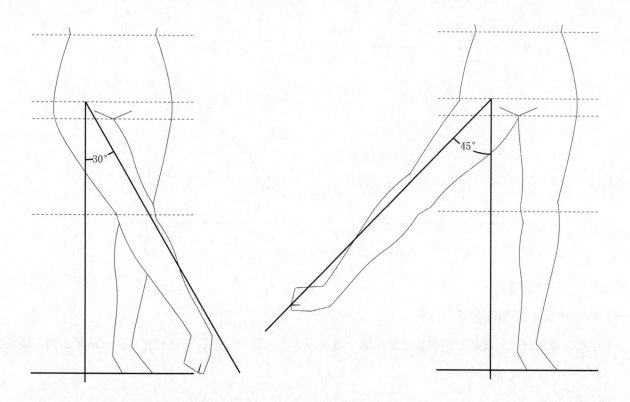

图 1-2-9 膝关节外展、内收示意图

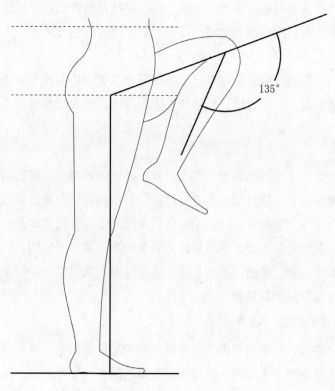

图 1-2-10 膝关节后屈示意图

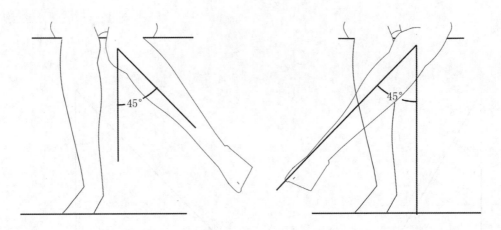

图 1-2-11 膝关节外展、内收示意图

四、裙、裤尺寸的确定

（一）裙、裤尺寸确定的原则

关于裙、裤围度、长度尺寸的确定主要从四个方面考虑。一是功能性，二是合理性，三是审美性，四是流行性。

1. 功能性

裙、裤围度和长度的设计必须满足其功能性，即满足人体的各种活动，不同的穿着目的决定裙、裤的结构造型可行性。

2. 合理性

合理性是指裙、裤不仅要具备服装的功能性，而且要符合消费者对服装结构造型上传统意义的要求，如裙装不易过长以免妨碍正常行走；不易过短，不能起到遮挡人体的作用。

3. 审美性

随着时代的发展，消费者对服装的需求已不仅局限于服装的功能性和合理性，审美功能也备受关注，美观的裙、裤装造型日益受到人们的青睐。打破传统理念的裙、裤装结构设计，为现代的服装潮流增添了新的时尚动力与血液。

4. 时尚性

时尚性因时间、地域、文化等因素的不同而迥异，尊重地域特点，以当前的时尚为设计要义，个性时尚的裙裤装才会被消费者所喜爱。抓住时尚的脉搏是裙、裤结构设计创造性发展的前提。

裙、裤装的结构设计作为服务于主体人的客体，满足人体的正常活动是服装结构设计的根本。在进行结构设计时应明确人体的各个活动关节，并尽量避免服装对活动关节的制约。因此，下肢的胯部、膝盖部是服装功能性结构设计的重点，裙、裤的围度与长度的设定应以不妨碍活动关节处的基本活动量为前提。当一方受到条件制约时，应以服装的功能性为主。

（二）裙、裤围度尺寸的确定（表 1-2-2）

裙、裤围度主要指腰围、腹围、臀围、髌骨围、脚腕围度等尺寸，其中腰围、臀围是裙、裤结构设计所必须的尺寸，腹围、大腿根围、大腿围、髌骨围以及脚腕围多为参考尺寸，是针对特殊裙、裤装创新性结构设计时所需的参考数据。

（1）裙、裤腰围：在人体腰围净尺寸的基础上适当加 1 ~ 2cm 为成衣裙、裤腰围的尺寸，也可直接用

表 1-2-2 裙、裤围度尺寸　　　　　　　　　　　　　　　　　　　　　单位：cm

名称	裙子	裤子	作用点
腰围尺寸标准	净尺寸或根据设计增加相应尺寸，一般增加增加1~2	净尺寸或根据设计增加相应尺寸，一般增加增加1~2	增加腰围松度
腹围尺寸标准	净尺寸或根据设计增加相应尺寸，一般增加增加2~4	净尺寸或根据设计增加相应尺寸，一般增加增加2~4	增加腹围松度
臀围尺寸标准	净尺寸或根据设计增加相应尺寸，一般增加增加2~6	净尺寸或根据设计增加相应尺寸，一般增加增加2~6	增加臀围松度
中档大小尺寸标准		净尺寸或根据设计增加相应尺寸，一般增加2	增加髌骨松度
脚腕尺寸标准		根据设计增加相应尺寸	
髌骨线合围尺寸标准	净尺寸或根据设计增加相应尺寸，一般增加增加5~6		增加髌骨合围松度

净尺寸制版。

（2）裙、裤腹围：多为参考数据，主要针对腹部较合体的裙型和裤型，一般在净尺寸的基础上加2~4cm的放松量，以满足坐、行、走时人体对面料空间的需求，当然，根据款式的不同所加的尺寸各不相同。如灯笼裙，腹围与臀围大于人体实际围量，下摆收缩，形成灯笼造型，这一类型的裙装腹围与臀围尺寸取量，应根据款式设计的要求来确定。

（3）裙、裤臀围：一般情况下紧身裙、裤装多为净尺寸加2~6cm左右。若采用具有弹性的面料，或制作具有塑身功能的裙裤装，可采用净臀围尺寸。当然，不同的款式要求，对裙、裤装的臀围尺寸要求也各不相同，应具体分析后进行合理的尺寸加放。

（4）髌骨围（膝围）：髌骨围度尺寸一般在裤型制版中运用较多，多用于对膝围有尺寸要求的裤型。

（5）踝骨围（脚腕围）：一般用于对裤口至脚踝有尺寸要求的，且裤口紧窄的裤型。

（6）髌骨线（双膝围）合围：主要用于对髌骨线围度有具体要求的裙装，如髌骨线收紧的鱼尾裙等。一般情况下，此数据多为参考数据。

（三）裙、裤长度尺寸的确定

在功能的基础上，裙、裤装长短设定，尽量以满足人体基本活动量为结构设计标准，当长度妨碍了人体正常活动时，则应对服装进行功能上的结构调整，如紧身长裙的衩口结构设计。

1. 裙长尺寸的确定（图 1-2-12）

（1）长裙：小腿中部为长裙的长度界点，腰围至小腿中部以下各点都属于长裙，结构设计以不妨碍人体常规活动为基本准则。

（2）中裙：以髌骨线为中裙长度界点，腰围线至髌骨线为中裙，至小腿中部属于中长裙，髌骨线以上至大腿中部为中短裙。

（3）短裙：以大腿中部为短裙界点，以不超过臀围10cm为界限，过短的超短裙，在传统意义上失去了它的社会价值。

19

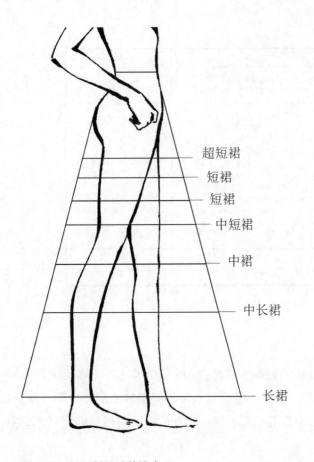

图 1-2-12 裙长尺寸的设定

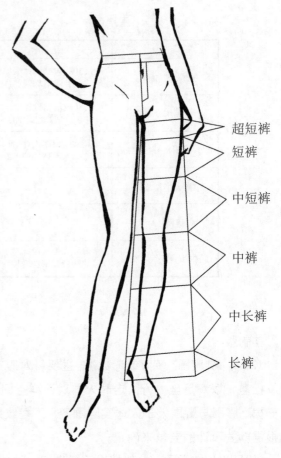

图 1-2-13 裤长尺寸的设定

2. 裤长尺寸的确定（图 1-2-13）

（1）长裤：以踝关节处为长裤的长度界点，踝关节以下统称为长裤，裤长以不拖地为宜。

（2）中裤：以髌骨线为中裤长度界点，腰围线至髌骨线为中裤，至小腿中部为七分裤，至脚踝以上为九分裤，髌骨线以上至大腿中部为中短裤。

（3）短裤：以大腿中部为短裤界点，以上为超短裤，以下为中短裤。

第三节 裙、裤纸样的绘制符号与测量

　　服装行业采用了统一、规范的服装制图代码和绘制符号，作为服装结构设计、制版与工艺的交流语言，该做法有效规避了大家对绘制符号的不同见解，避免了理解上的失误与偏颇，是服装设计者必须懂得的结构设计语言。

一、服装制版主要部位的代码

　　国际上通常将人体部位英文单词的第一个大写字母作为制图代码。常见的制图代码见表1-3-1。

表1-3-1 服装制图主要部位代码

序号	中文	英文	代码
1	胸围	Bust	B
2	腰围	Waist	W
3	臀围	Hip	H
4	领围	Neck	N
5	肩宽	Shoulder	S
6	领围线	Neck Line	NL
7	胸围线	Bust Line	BL
8	腰围线	Waist Line	WL
9	臀围线	Hip Line	HL
10	中臀围线	Middle Hip Line	MHL
11	肘线	Elbow Line	EL
12	膝围线	Knee Line	KL
13	胸高点	Bust Point	BP
14	肩颈点	Side Neck Point	SNP
15	前颈点	Front Neck Point	FNP
16	后颈点	Back Neck Point	BNP
17	肩端点	Shoulder Point	SP
18	袖窿弧线长	Arm Hole	AH
19	长度	Length	L
20	袖长	Sleeve Length	SL
21	袖口	Sleeve Opening	CW
22	裤口宽	Slack Bottom	SB
23	立裆深	Crotch	CR

二、裙、裤纸样绘制符号

常见服装结构制图符号及解析见表 1-3-2。

表 1-3-2 服装结构制图符号及表示含义

名称	符号	表示含义
实结构线	——————	纸样完成线，多指板型的净样
虚结构线	- - - - -	纸样折叠不被剪开，此折叠线的两边或对称或不对称
实辅助线	—————————	制图的基本线，具有引导线的作用
虚辅助线	- - - - - -	制图的基本线，具有引导线的作用
贴边线	- - ·- - ·- -	主要表示服装的贴边，如门襟、内叠门等
等分线		表示距离相等的符号
等长符号	◎ ◇ △ ○ □ ◆ ▲ ● ■	表示距离相等的符号，一般多用于等分线无法表示的情况
省缝线		将面料按省线的造型收掉，主要用来体现人体造型和服装的立体形态
褶裥线		面料折叠的结构线，不同的图形表示不同的面料折叠方式
缩褶线	～～～～	面料自由收缩符号，如面料的吃势、服装的局部碎褶等
丝缕符号		纸样所标出的丝缕符号，此符号应与面料的经向协调一致
毛向线		主要针对带有毛向的面料，箭头所指方向应与面料的毛向相一致，如毛皮、灯芯绒等
斜纱符号		箭头所表示的方向为布面的斜纱方向

（续表）

名称	符号	表示含义
重叠交叉线		纸样放量时出现的重叠、交叉、且两条相重叠的线段等长，分离复制纸样时要重新修正纸样，各归其主
直角符号		制板过程中两条直线相交呈90°角的结构造型
合并符号		合并符号又叫整形符号，由于结构设计的需要，将原有的两条结构线进行合并，形成新的结构造型，如原有的前后肩线合并后，被育克取代
省略符号		表示长度较长而在结构图中无法全部画出来的部分
剪切符号		纸样在进行设计和修正过程中，往往需要将原有的纸样剪开、放量等，剪刀口所对着的部位就是纸样需要剪开修正的位置。此标注只做修正纸样的过程，不做纸样的最终结果
拔开符号		利用高温和特殊的操作技术将面料拔开变长，成工艺制作所需要的造型
归拢符号		利用高温和特殊的操作技术将面料归拢变短，成工艺制作所需要的造型
线迹符号		实线为边缝，虚线为车缝线迹，虚线的多少和与边缝的远近根据设计需要确定
扣位符号		钉纽扣和扣眼的位置
缝止位置		缝线止点和拉链止点的位置

三、人体下肢测量名称与方法

　　裙、裤的主要制版依据是腰部以下的人体测量数据，因此所涉及的尺寸主要有腰部、腹部、臀部等围度的测量数据和人体下肢的长度测量。同时为了更好地掌控成衣的变化规律，裙、裤的测量以净样尺寸为准。测量时，被测者着紧身衣，以自然的形态站立，所测数据以人体左侧为准。

（一）围度测量（图 1-3-1）

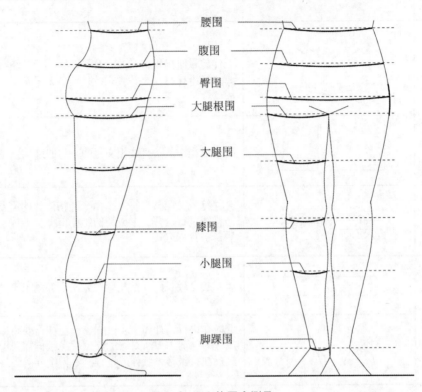

图 1-3-1 人体围度测量

（1）腰围：肘关节与腰部重合为测量基点，即腰部最细处，正常呼吸，水平围量一周，软尺不紧绷不下滑。

（2）臀围：臀部最丰满处水平围量一周，大约在腰围以下18cm处，软尺不紧绷不下滑。

（3）腹围：腰围与臀围的二分之一处，水平围量一周，软尺不紧绷不下滑。

（4）大腿根围：大腿与臀结合点，水平测量一周，软尺不紧绷不下滑。

（5）大腿围：大腿中部，水平围量一周，软尺不紧绷不下滑。

（6）膝围：膝盖处水平围量一周，软尺不紧绷不下滑。

（7）小腿围：小腿中部，软尺水平围量一周，软尺不紧绷不下滑。

（8）脚腕围：脚腕处水平围量一周，软尺不紧绷不下滑。

（二）长度测量（图1-3-2）

（1）裤长：以人体左侧为准，腰部向下测量所需长度。

（2）腰长：腰围至臀围的长度。

（3）膝长：从腰部量至髌骨线处。

（4）下裆长：大腿根部至地面长度。

（5）股上长：腰部至大腿根部长度。

（6）腰高：腰围至地面的长度。

（7）臀高：臀围至地面的长度。

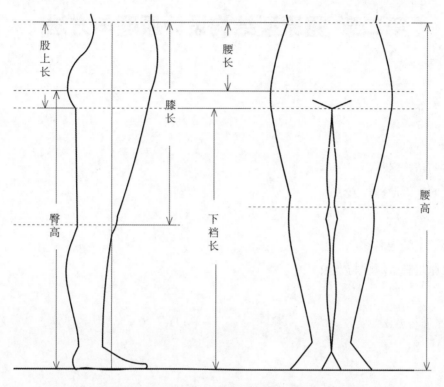

图 1-3-2 人体长度测量

【课后练习题】

（1）熟练掌握服装常用的专业术语、制图符号以及部位代码。

（2）对人体进行测量练习。

（3）总结分析测量数据。

【课后思考】

（1）人体构造与服装之间的关系。

（2）不同人体测量数据对服装制版的影响。

（3）如何对人体测量要领进行灵活性运用。

第二章 裙原型结构设计原理与方法

【学习内容】

（1）裙原型的特点。

（2）裙原型的结构名称。

（3）裙原型的制版原理与方法。

【学习重点】

（1）掌握裙原型结构名称。

（2）掌握裙原型制版原理与方法。

【学习难点】

裙原型制版原理与方法。

　　裙子作为女性必不可少的装束之一，具有悠久的文化历史。虽然不同历史时期所蕴含的裙装文化大相径庭，但其飘逸典雅的造型备受大众喜爱。随着时代的发展和科技的进步，裙装的功能也由原来遮衣蔽体的实用性逐渐向求新、求丽的审美性发展，科学合理的裙装结构设计不仅能提升裙装结构的舒适性，更能体现裙装的审美性。

　　本章原型裙在比例法与短寸法的基础上，融合了日本文化式原型的精华，并采用国际通用的原型应用理论和方法，受到较好的教学评价。它以更符合现代人体型的新式原型，被我国高校广泛采用。以裙原型为基础使裙装结构设计原理性更强，更易于创新性裙装的探索与挖掘。

第一节 裙原型结构制图名称

　　掌握裙原型的结构名称，有助于裙原型的结构设计与绘制（图2-1-1）。

一、横向线

（1）腰围辅助线：又叫上平线，是前后腰围线结构制版的辅助线。

（2）臀围线：以人体的臀长为臀围线位，平行于腰围辅助线。

（3）腹围线：人体腰部至臀围的二分之一处，与臀围线相平行，此线是裙前省尖长依据。

（4）裙摆线：又叫下平线，根据裙款的长度确定裙摆线的位置。

（5）前腰围线：在前腰围辅助线上绘制的符合人体前腰部造型的线。

（6）后腰围线：在后腰围辅助线上绘制的符合人体后腰部造型的线。

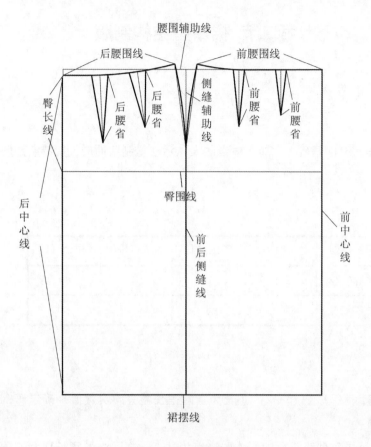

图 2-1-1　裙原型名称

二、竖向线

　　（1）前中心线：位于人体前下肢的中心位置，与腰围辅助线相垂直。

　　（2）后中心线：位于人体后下肢的中心位置，与前中心线相平行。

　　（3）侧缝辅助线：是人体腰部、胯部以及下肢外侧的辅助线，此线与前后中心线相平行，是完成前后侧缝线的参照线。

　　（4）前侧缝线：是人体前腰部、胯部以及下肢外侧的结构线，体现人体下肢外侧的形态。前侧缝线应与后侧缝线相缝合，因此一般情况下与后侧缝线在长度、造型上基本一致。但也不排除特殊裙款造型造成的前后侧缝线在长短和形态上的迥异。

　　（5）后侧缝线：没有特殊的情况下与前侧缝线在位置、长度、造型上相同。

第二节 裙原型结构制版

一、裙原型结构制版

（一）结构特点

裙子原型纸样是在净尺寸的基础上，加上适当的人体活动量制版而成，其特点是腰围、臀围、腹围合体，长度适中。

（二）所需尺寸

表 2-2-1 所需尺寸   单位：cm

号型	部位名称	臀围(H)	腰围（W）	臀长（HL）	裙长（L）
160/66A	人体净尺寸	94	66	18	60
	成衣尺寸	98	66	18	60

（三）制版方法

1. 基础线的绘制（图 2-2-1）

（1）作长方形：宽为H/2+（1.5~2），长为实际裙长减去腰头数值。确定腰围辅助线、裙摆线辅助线、前后中心线。

（2）作臀围线：以腰围辅助线与后中心线的交点为基点，向下测量腰长18cm，画出与腰围辅助线相平行的线段与前后中线相交，确定臀围线。

（3）侧缝辅助线：在臀围线上，取臀围线的1/2，同时向后进1cm，并以此为基点，作前后中心线的平行线，上交于腰围辅助线，下交于裙摆线，侧缝辅助线完成。

2. 侧缝线

（1）前侧缝线：

①以前中心线与腰围辅助线的交点为基点测量前腰围/4+2为前腰围基本长度，此点至侧缝辅助线，为前腰臀差量，将前腰臀差量平均分成三等份，其中一份作为前侧缝的省量，另外两份差量平均分配给前腰围，此时前腰围线制版的实际长度=前腰围/4+2+2省。

②以臀围线与侧缝辅助线的交点为基点，向上4~5cm，与前腰围制版实际长度直线相交，并延长0.7~1.5cm的起翘量，形成臀围到腰围的前侧缝线辅助线段。

③在侧缝线辅助线段上，取其1/2，垂直上升0.2~0.5cm，胖势划顺，前侧缝线完成。

（2）后侧缝线：

①以后中心线与腰围辅助线的交点为基点，测量后腰围/4-2为后腰围基础长度，后腰围长度至侧缝线辅助线的线段为后腰臀差量，将差量以省的形式收到裙后片的侧缝和腰头，其方法有两种：第一种，以侧缝辅助线与腰围辅助线的交点为基点向后中心线方向测量1/3前腰臀差，作为后裙侧缝线省，剩下的差量大于4cm，则分为2个后腰围省量，小于4cm可以为1个省量，由此做出的侧缝线与前片侧缝线形态相同，缝合时造型较为统一；第二种，与前缝线的结构制版相同，将后腰臀差平均分成三等份，其中一份给后侧缝，另外两份以省的形式平均分给后腰围，此种制版前后侧缝线略有不同，工艺制作时应根据形态实时调整。此时的后腰围线制版的实际长度=后腰围/4-2+2省。

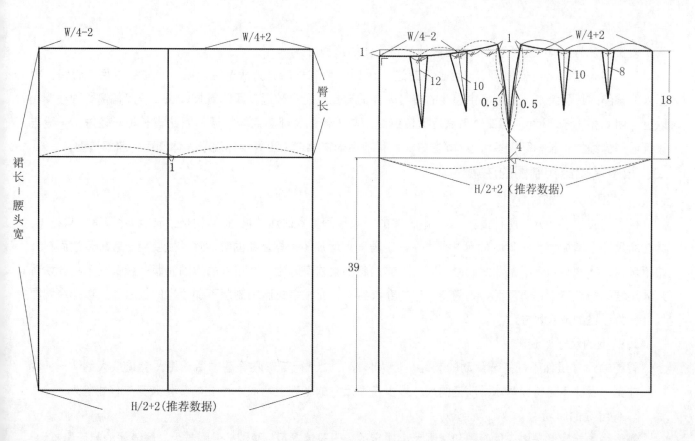

图 2-2-1 裙原型基础图

②以臀围线与侧缝辅助线的交点为基点，向上4～5cm，同时与后腰围线的长度直线相交并上升0.7～1.5cm，形成臀围到腰围的后侧缝线辅助线段。

③在后侧缝线辅助线段上，取其1/2，垂直上升0.2～0.5cm，胖势划顺，后侧缝线完成。

3.腰围线

（1）前腰围线：

①以前侧缝线结束点为基点，曲线与前腰围线的辅助线1/3处相切。

②前中心线与腰围线成直角。

（2）后腰围线：

①以腰围辅助线与后中心线的交点为基点，向下取0～1cm来适应人体臀部大小的变化。

②后中心线与腰围线成直角，曲线连接侧缝线。

4.前后省位置和长度

（1）前后腰省位：

①前腰省位。将前腰围线的实际长度平均分成三等份确定前腰省位，省与前中心线相平行。

②后腰省位。将后腰围线的实际长度平均分成三等份确定后腰省位，省与后腰围线相垂直。

（2）前后腰省长：

①前省长度。在腰臀差量超过4cm的情况下，前腰省一般分为两个省，第一个省，靠近前中心线，受腹围的限制，一般不能超过腹围线，其结束点以腹围线附近为最佳，臀长1/2处为腹围线位，以臀长18cm为例，靠近前中心线的省长一般取小于9cm，作为靠近前中心线的第一个省长上，若超过腹围线，会造成腹围量减小，裙装腹围紧绷的现象；第二个靠近侧缝线的省，偏离了腹部凸点，此处的腹部隆起较和缓，因此

29

省长较长，多为 10cm 左右，从而能更好地满足人体的造型。

②后省长度。与前省相同，当后省量超过 4cm 时，后省一般分为两个省。第一个省靠近后中心线，根据人体臀部的造型特点，靠近后中心线的省与人体的臀高点距离较远，因此省长较长，一般偏离臀围线 5cm 以上，因此多小于 12cm；第二个省靠近后侧缝线，与人体的臀部高点较接近，因此省长相对较短，一般与靠近前侧缝线的省长相等，多为 10cm 左右，使得前后形态相似，更好地体现了人体侧面的胯部造型。

二、裙子基础结构制图的注意事项

1. 腰围的尺寸加放

裙子的腰围设计分为两种情况：①考虑人体的呼吸量和基本的活动量，正常端坐、行走和呼吸等日常行为，会在净尺寸上增加 1.5 ~ 2cm 的尺寸差，在一定程度上增加了人体活动的舒适性，主要用于较轻薄的面料；②不考虑人体的基本呼吸量和活动量，因为人体的腰部柔软有弹性，净尺寸的腰围制版一般情况下不会妨碍人体正常的行走与活动，反而给人紧凑严谨的穿着感，因此很多裙腰围制版不加适当的放松量，选择净腰围尺寸作为最终的成衣尺寸。

2. 臀围的尺寸加放

臀围的尺寸虽然不受关节活动的制约，但人体坐、立、行、弯腰等基本活动量，会造成大约 2 ~ 4cm 的尺寸量，因此满足臀围基本活动量的尺寸最少在净尺寸的基础上增加 4cm 左右，但紧身牛仔裙除外。

3. 侧缝线的起翘

侧缝线的起翘量是由人体腹围和臀围大小决定的，一般情况下，腹围、臀围越大，侧缝线的起翘量越大，反之则越小。

4. 裙后腰的下降

裙后腰的下降受人体臀部的丰满程度影响很大。如臀围大而翘体型的英式裙结构裙后中心线不下降，美式裙结构还要起翘 1.3cm。亚洲人的扁平娇小的臀型决定了裙后腰下降的尺寸大小，臀围越小下降越多。

5. 省量设定

省量是臀、腰的差量，不同体型的臀、腰差大小不一，因此省量大小也因人而异。同时，省量还受裙款造型设计的影响，不同的款式造型决定了省量的大小、长短、位置、造型的变化。

【课后练习题】

（1）熟练掌握裙装原型的制版原理与方法。

（2）根据裙装原型对臀围、腰围所加尺寸进行分析验证。

（3）针对不同臀围与腰围之间的尺寸差，有针对性的进行省位及省量大小的设定。

（4）制作 1:1，1:5 的裙基样，为后期裙型的各种结构制版做准备。

【课后思考】

（1）对原型裙臀围、腰围尺寸的思考。

（2）对原型裙侧缝线起翘与后中心线下降规律的分析与思考。

（3）对省长人体结构的思考。

（4）原型裙侧缝线胖势划顺原则。

第三章 裙子细节结构设计原理与方法

【学习内容】

（1）裙省结构设计原理与方法。

（2）裙腰结构设计原理与方法。

（3）裙摆结构设计原理与方法。

（4）裙开门结构设计原理与方法。

（5）裙衩口结构设计原理与方法。

（6）裙侧缝线结构设计原理与方法。

【学习重点】

（1）裙细节结构设计原理与方法。

（2）裙细节结构制版与人体的关系。

（3）裙细节设计与结构制版的相互作用。

【学习难点】

（1）裙细节结构制版的原理与方法。

（2）裙细节结构制版设计举一反三的能力。

　　裙细节结构制版，将组成裙装的各个部件分成一个个独立的个体，并对这些个体进行研究与分析，探究其结构的设计规律与方法，归纳、总结出细节结构制版的原理与方法。裙装细节结构主要包括裙省、裙腰、裙摆、裙开口、裙衩口、裙侧缝线六部分，是创新性裙装结构设计的重点，成功的裙装细节结构设计与制版，不仅能提升裙装的舒适性，还能为裙装的结构设计与制版提供无限的创新思路和方法。

第一节 裙腰省结构设计原理与方法

　　人体的下肢表面是复杂的三维曲面，不同部位的曲面形态各不相同，如何使裙装更符合人体造型，并达到最大程度舒适性，需研究裙装结构与人体之间的内在必然联系。为了使二维平面的布料符合复杂的三维人体造型，收省、褶裥、分割、抽褶等结构设计是裙装结构设计的主要手段。通过这些处理方法，塑造出形态优美的贴合人体形态的曲面造型，不仅可以美化人体，而且合理的省量处理还具有塑型美体的功效。其中，收省是裙装结构中最常见也是最常用的方法，褶裥、结构线、分割线、抽褶是省的另一种形式，其体现人体三维形态的本质相同，只是所产生的外观表征有所区别。在裙装中的省分为有省、无省两大部分。

一、有省

人体下肢的三维形态主要体现在腰、臀、腹三个部位，臀、腹隆起，腰部纤细，凹凸形态明显。平面的裙片不能更好的贴近人体形态，当满足腰和腹部的高度时，纤细的腰部会形成人体与面料之间的空隙，即腰与臀、腹之间的差量，形成腰部的多余量，将多余量收起缝掉，所形成的线段就是省。因此省是为了弥补腰、臀、腹三者之间的围度差量的需要，将部分裙料缝合，形成裙片曲面状态的手段之一。有省是指以省道线的形式出现在裙装的腰围与腹围、腰围与臀围之间，能体现裙装的主体形态。其位置、大小、多少以及长短决定着裙装的造型。在有省的情况下，制版需要注意以下几种情况：①合理地计算省量大小；②正确的设定省量位置，③省尖长度在裙装的合理范围之内；④省垂直于腰围线；⑤腰省分配合理。若无特殊设计要求，当省量增加到 4cm 以上时，应将此量分割成两个或多个省。

（一）省位（图 3-1-1～图 3-1-3）

省道在裙装中应用广泛，主要是针对臀高点和腹高点为中心制作的，腰臀省的存在是为了适应人体臀部的丰满和腰部的纤细，从而更好地体现人体下肢凹凸有致的造型。臀部凸点明显，因此腰、臀差明显；腹围凸点虽然不明显，但凸点依然存在，这两个凸点分布并不是突兀和孤立的，而是均匀细致的。因此，省尖分布的位置应在中腰线和臀、腹围之间的连线上，即省尖可在这条横线上的任何一个点位（图 3-1-4）。由此可以得出，前后片的省位并不一定平均分配在前后腰围线的 1/3 处，而是根据具体的款式设计要求来制版。或靠近前、后中心线，或靠近前、后侧缝线，或对称或不对称等多种形式。

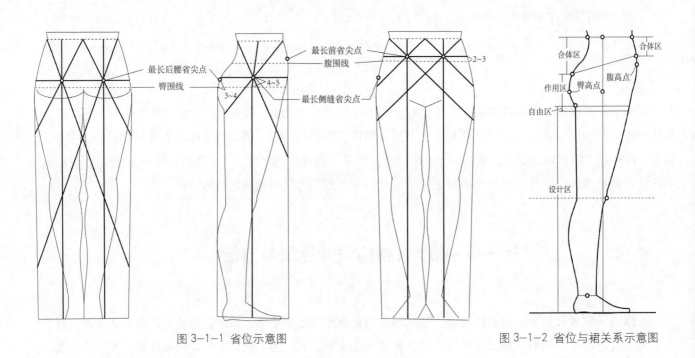

图 3-1-1 省位示意图   图 3-1-2 省位与裙关系示意图

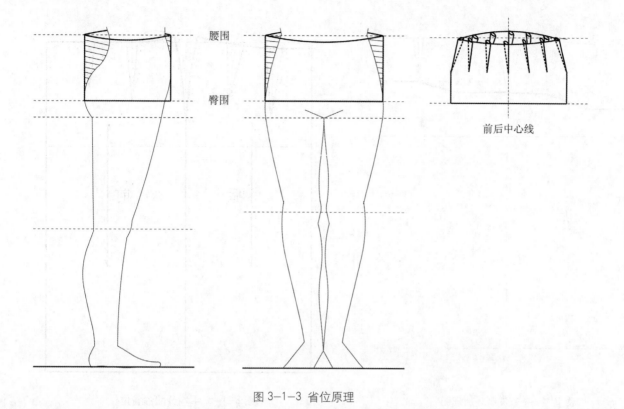

腰围

臀围

前后中心线

图 3-1-3 省位原理

1. 平均分配在腰围线的省位（图 3-1-5）

将前后片腰围宽度平均分成三等份，并将省量平均放在其中。

2. 靠近侧缝线的省位（图 3-1-6）

将省位向前后侧缝线靠拢，两省与侧缝线距离的尺寸设定可根据设计的要求确定，因省尖稍偏离臀、腹凸点，前省可适当加长，或不加；靠近后中心线的后省可适当短一些。

3. 靠近中心线的省位（图 3-1-7）

省位主要在前后中心线附近，裙款侧面的胯部形态变宽，距离前后中心线的尺寸应根据设计要求确定。

4. 呈分散性分布的省位（图 3-1-8）

左右两个省位距离较远，一省靠近侧缝线，而另一个省则可以在裙腰的1/2处或靠近前中心线，从而造成两省之间的分散性。

5. 不对称的省位（图 3-1-9）

省量的分布不再按照常规的规律进行设定，腰省或一半聚集，一半分散，造成裙腰省位的不对称形态。该做法主要用于创新性裙装中。

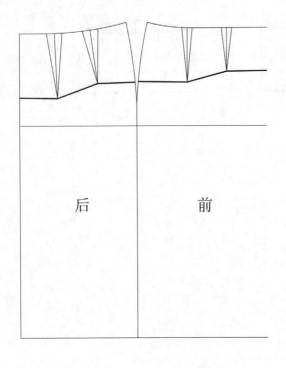

图 3-1-4 省位制版原理图

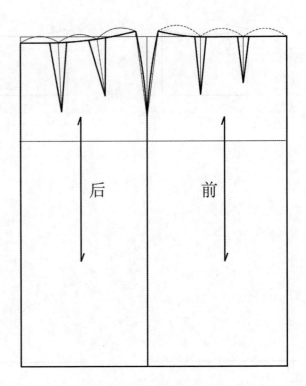

图 3-1-5 平均分配的省位

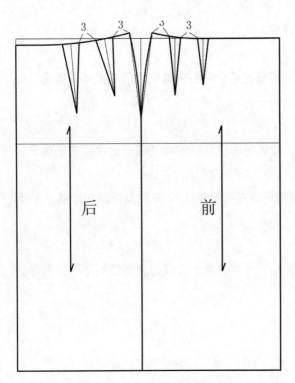

图 3-1-6 靠近侧缝线的省位

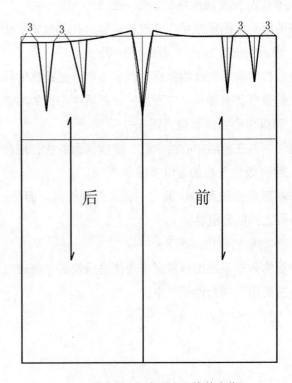

图 3-1-7 靠近中心线的省位

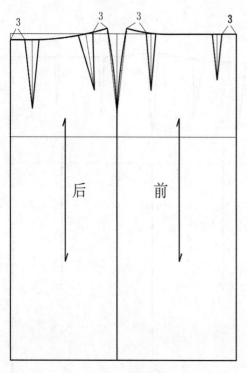

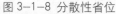

图 3-1-8 分散性省位

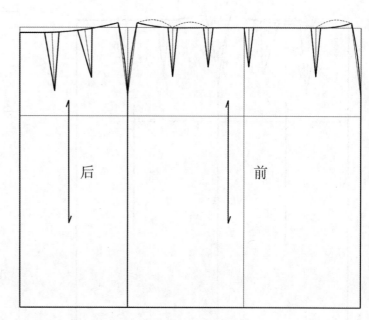

图 3-1-9 不对称省位

（二）省量大小

裙腰省量的大小决定了裙款腰部的宽松程度和结构造型，主要有以下几种情况：

1. 以人体形态为依据的省量大小

根据人体臀围与腰围差的实际尺寸确定省量大小，臀围大腰围小省量大；臀围小腰围大则省量小。

（1）臀围大，腰围小的人体形态（图 3-1-10）。

①尺寸：H=96cm，W=66cm；

②制版：前 H=H/4+1=25cm，前 W=W/4+2=18.5cm，前腰臀差 =25-18.5=6.5cm，平均分配差量 =6.5÷3=2.16cm；后 H=H/4-1=23cm，后 W=W/4-2=14.5cm，后腰臀差 =23-14.5=8.5cm，以原型制版方法，侧缝收 1/3 前臀腰差 2.16cm，后腰省大 =8.5-2.16=6.34cm，将后腰省大 6.34cm÷2=3.17cm。从数据上来看前腰各省为 2.16cm 和后腰各省为 3.17cm，两个省量相对较大。

（2）臀围较小，腰围较大的人体造型（图 3-1-11）。

①尺寸：H=90cm，W=78cm；

②制版：前 H=H/4+1=23.5cm，前 W=W/4+2=21.5cm，前腰臀差 =23.5-21.5=2cm，平均分配差量 =2÷3=0.6cm；后 H=H/4-1=21.5cm，后 W=W/4-2=17.5cm，后腰臀差 =21.5-17.5=4cm，以原型制版方法，侧缝收 1/3 前臀腰差 0.6cm，后腰省大 =4-0.6=3.4cm，将后腰省大 3.4cm÷2=1.7cm。从数据上来看前腰各省为 0.6cm 和后腰各省为 1.7cm，两个省量相对较小。当省量较小时，可减少省的数量，可采用左右各一个省的形式。

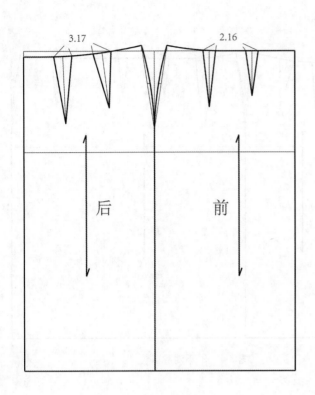

图 3-1-10 臀围大腰围小

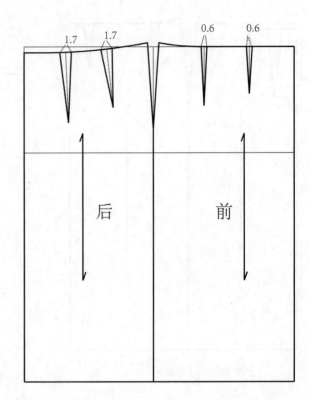

图 3-1-11 臀围小腰围大

2. 款式设计决定省量大小

这是一种在满足腰、臀围度尺寸和基本活动量的基础上，根据款式设计需求重新设定省量大小的制版方法。一般情况下，腰省加大的同时，腹、臀的尺寸也应加大，如图 3-1-12 和图 3-1-13 所示。但有时由于特殊情况的需要，也会出现腹、臀围合体的现象，在这种情形下加大腰省会导致省尖过于凸起，从而影响裙身的整体效果（特殊的裙造型例外），因此应根据省量的大小相应地进行数量上的变化，如前腰省可以由原来的两个省量，增加为六个省量的结构设计。

此类制版多因工艺的不同而产生不同的裙装效果。省量的大小、长短、多少都是决定裙款的形态特征的关键。

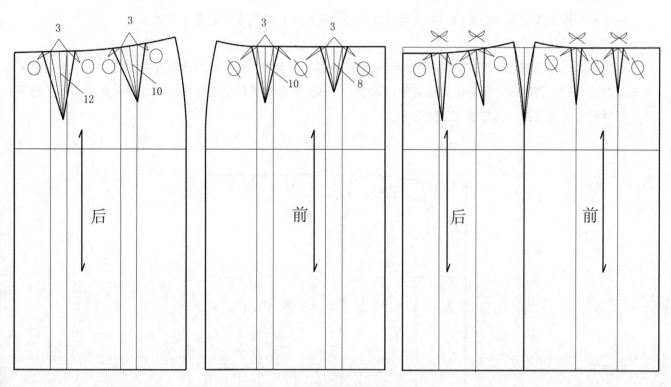

图 3-1-12　省量与裙摆同时增加

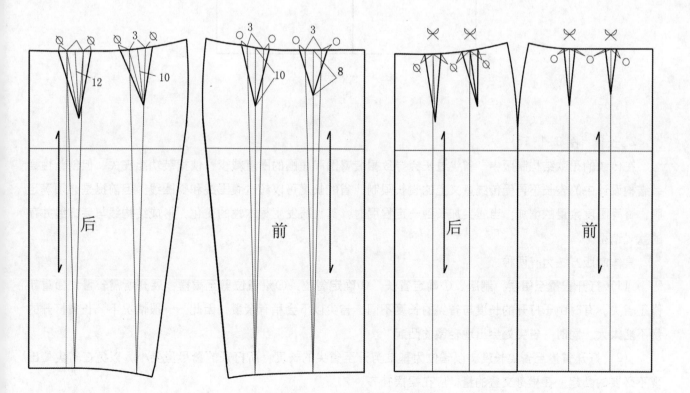

图 3-1-13　省量增加裙摆不增加

（三）省尖长短

省尖长短也是决定裙型的关键，在满足人体造型的基础上可根据设计确定省尖的长短。

1. 短省（图3-1-14）

在腹围线以上取任意长度的省尖长度，当省量达到最小（为0）时，省的性质发生变化，名称也由原来的省改变为活褶。腹围的余量会因为省尖变短而增大，从而迎合特殊的裙型结构。有时也会因为腰围线的下降从而导致省长度变短，形成视觉上的短省。

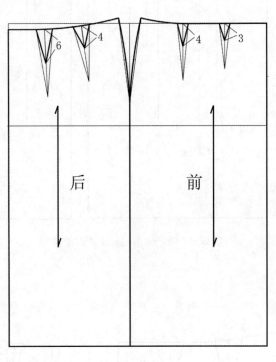

图3-1-14 短省

2. 长省（图3-1-15）

在传统的裙款结构制版中，省尖过长会导致裙装臀围和腹围的围度减少，使裙装功能丧失。但创新性裙装结构设计中的省长不再受传统意义上的省长限制，省的长度可以超过腹围线和臀围线，但前提是必须满足腹、臀等围度余量的增加，当省尖加长到一定程度时，其性质发生根本性的变化，形成结构线与装饰线并存的款式造型。

具体制版方法为有两种：

（1）打开省量至裙摆，制版。①确定省长；②确定省位；③沿省位剪至裙摆，展开所需省量；④重新修正省尖。有时由于打开的长度与省尖的长度不同，省尖以下会稍有余量，因此，一般情况下，长省打开的量不能太大。同时，省尖处会出现轻微的凸起。

（2）打开省量至省尖长度。以省位为基准剪开至省尖的长度，所打开的量尽量要小，以免在省尖处出现不必要的凸起。在裙身交叠的量，应在裙摆补齐。

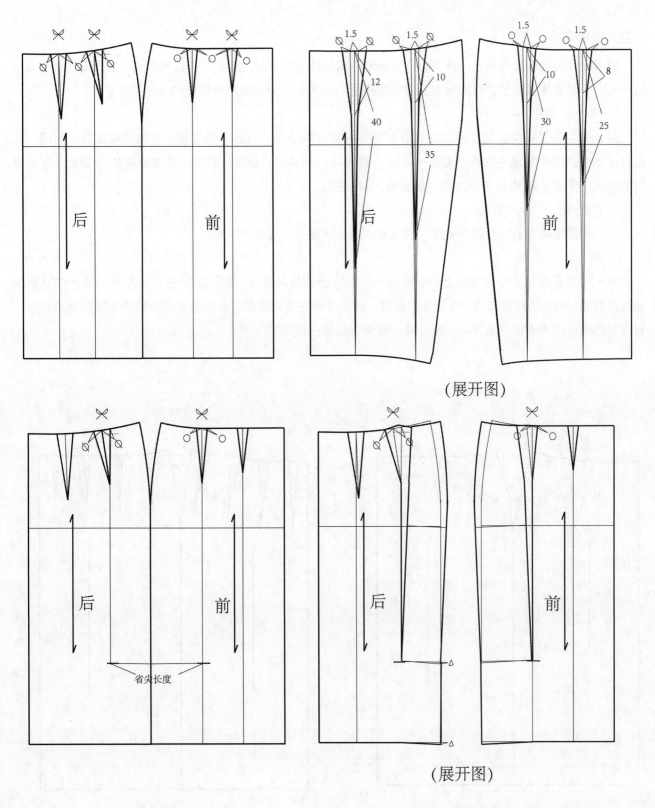

(展开图)

(展开图)

图 3-1-15 长省

（四）省的多少

前后裙片省的数量也不是一成不变的，而是根据设计来确定的，裙装可设置两个省、四个省、六个省、八个省……随着裙装款式的日益丰富，省在数量上的取舍也成为裙装结构设计的一个重点。

1. 两个省（图 3-1-16）

两个省主要是指前后裙片左右各一个省量的裙装结构设计。制版过程与裙型基样的省量处理相同，只是将原型中的四个省量中的两个省量一半归于侧缝线，一半归于腰省。省位一般在裙腰的 1/2 处，或靠近侧缝线的 2/3 处，前省长 9cm 左右，后省长 11cm 左右。

2. 四个省

四个省是指裙片前后各四个省量，制版方式同于原型裙，在此不再赘述。

3. 多个省（图 3-1-17）

多个省主要是指四个省量以上的省量分布，随着省数量的增加，其存在特征也由原来的功能性逐渐向装饰性发展，出现功能性与装饰性并存的现象。制版时将臀围与腰围的多余量平均分配给所需数量的省中，省位可根据设计来确定，或集中、或分散、或平均分配给腰围。

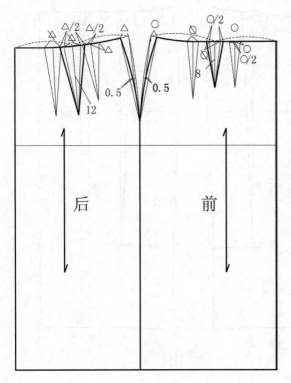

图 3-1-16 两个省

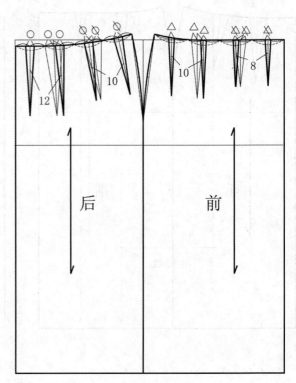

图 3-1-17 多个省

二、无省

生活中常常会看到合体的裙款出现无省的现象。无省现象一般有三种情况，第一种是腰、腹、臀差较小，从而将较小的省量差全部归于侧缝线处；第二种是由于腰位线的下降（如低腰裙）减掉了存在于裙身的腰、腹、臀的尺寸差，而形成的无省现象；第三种是省量不出现在传统的腰、臀之间，但省量以另一种形式存在于裙身中的某些结构线或装饰线中，在服装结构设计中通常将这种现象称之为省量转移。

（一）腰、腹、臀差较小的无省现象（图 3-1-18）

此类制版多用在腰围较大臀围较小的特殊体型，反之，则会出现裙装功能受阻现象，因此一般情况下不赞成采用这种制版方法。在制版过程中由于将腰、腹、臀之间的尺寸差全部隐于裙装的侧缝线处，在一定程度上没有给腹围和臀围尺寸差的缓冲，从而造成腹围紧绷拉扯的情况。为缓解或规避这种现象，应在连接腰围到臀围的直线辅助线上的1/2处，作0.5～1cm垂直线（数值的大小应根据腰臀差的大小决定，差越大，所取数值越大）并作胖势划顺。同时此类裙装在面料选择上有很高的要求，一般选用弹力较好的面料，或质地硬挺的牛仔布。弹力较好的面料可以在一定程度上缓解腰臀差和腰腹差的不足，而牛仔布的硬挺特性具有塑形收腹的效果，且不易出现面料因尺寸差不足而造成的面料丝缕方向走形。

（二）低腰造成的无省现象（图 3-1-19）

在现实生活中，我们经常会接触到无省量的裙型，这种裙型的产生多与裙腰的降低有关，当裙腰降低到腹围线左右的时候，省的长度也失去了存在意义，这就是我们常见的中腰裙和低腰裙的无省现象。通过降低腰围线的形式造成无省现象，有时会无法完全满足省尖的全部舍弃，当所降低的腰围线还保留部分省长时，可将所剩无几的省量归于侧缝线处。当然，也可以在下降的低腰围线处进行人体的具体测量，从而完成低腰围尺寸的设定。

一般情况下，在侧缝线处剪掉所剩的部分省量时，还应多收掉0.5cm（推荐数据，应根据不同人体的具体尺寸进行相应的缩减）的量，使裙低腰围线更加紧密地与人体相结合。为保障裙低腰的合体性，具体测量下降腰围处的实际尺寸，会更利于裙低腰尺寸的把握。

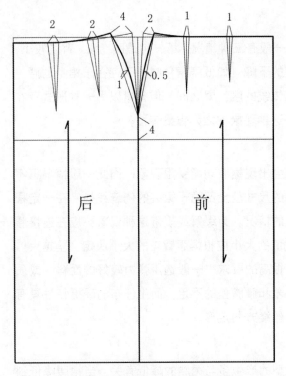

图 3-1-18 臀腰差较小造成的无省

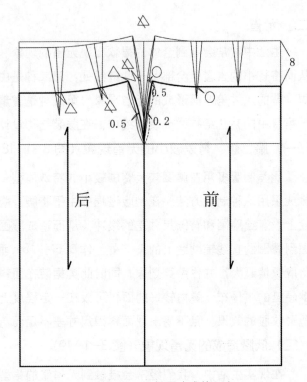

图 3-1-19 低腰造成的无省

（三）省量转移

省量转移就是可以将裙臀腰差量转移到同一个裙片的各个部位，且不影响裙装的正常尺寸和舒适性，值得注意的是，省量转移时，其结构线应始终以裙省尖为中心进行省量的转移。转移方法有三种，这里以裙装前片为例介绍省量的转移方法。

1. 转移方法（图 3-1-20）

（1）旋转法。制版方法：①确定省位；②以省尖为旋转基点；③旋转裙省量大到设定的省位。转移时可全部转移，也可部分转移。

（2）剪切法。制版方法：①确定省位；②将设定的省位剪切至腰省省尖；③将腰省折叠收起，展开剪开的省位，形成新的省。

注意事项：①转移裙省时，转移后的省尖必须与腰省省尖重合；②距离腰省尖越远的省，打开的量越大；③裙省可以转移到裙身任何一个位置。

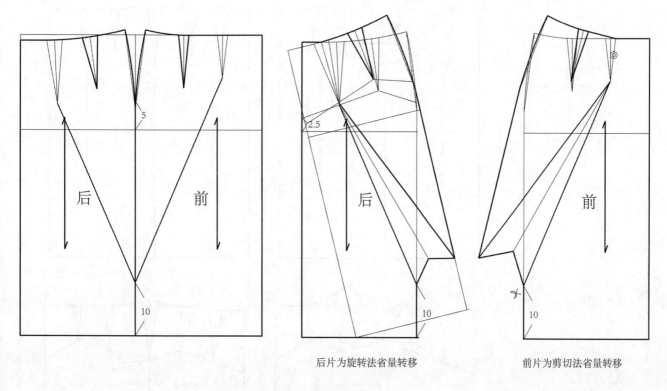

后片为旋转法省量转移　　　前片为剪切法省量转移

图 3-1-20　省量转移方法

2．转移形式

省量转移的形式多种多样，在裙装结构设计中每一条线段的出现都有可能隐含不同的作用，因此应对每一个裙款造型中的每一条线段作细致的分析和研究。省量转移形式主要有三种形式：横线省量转移、斜向省量转移和竖线省量转移。

（1）横线省量转移

育克（图3-1-21）。裙装育克主要是指在腰臀或腰腹之间作断缝结构设计，即以省尖长为基点的横向分割线，将裙装分成上下两部分，横向断线包含腰省，被称之为"育克"。育克造型多样，或弧线型、或直线型、或弯曲型，成为裙装设计的一个重点。育克主要围绕腰省尖的结束点来完成省量转移，同时保持裙型与人体的高度吻合。其结构设计重点在于育克的位置、长短、造型等方面的变化。制版方法如下：首先，确定育克位置和造型，育克在腰臀与腰腹之间所作的断缝必须经过前后裙片的省尖位；其次，选择旋转法或剪切法的省量转移将前后两个省量进行转移，转移时应注意育克线段的流畅性。

（2）横向、斜向省量转移（图3-1-22、图3-1-23）

横向与斜向省量转移是根据线性走向确定的，实例图制版采用剪切法。这两种结构制版与育克相比较有更大的灵活性，根据裙装设计可形成形式多样、造型独特的结构设计，虽然它不需要对裙装作剪切性的断缝结构，但结束点仍以前、后裙的省尖为核心点。

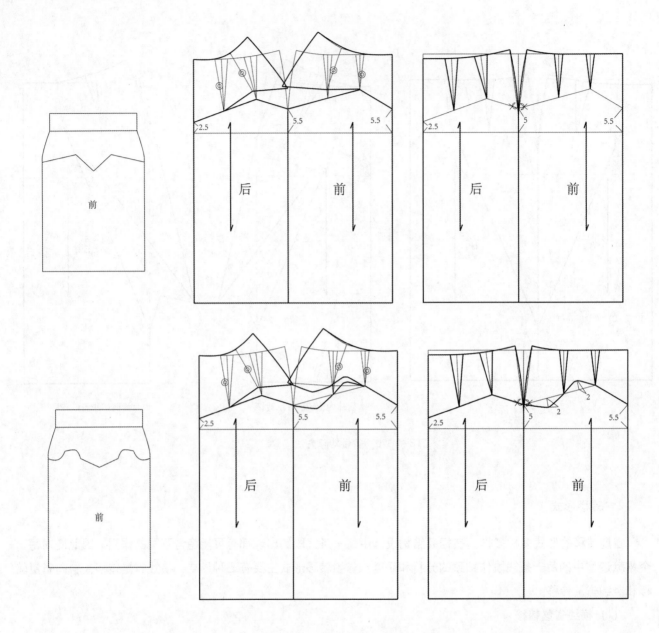

图 3-1-21　育克

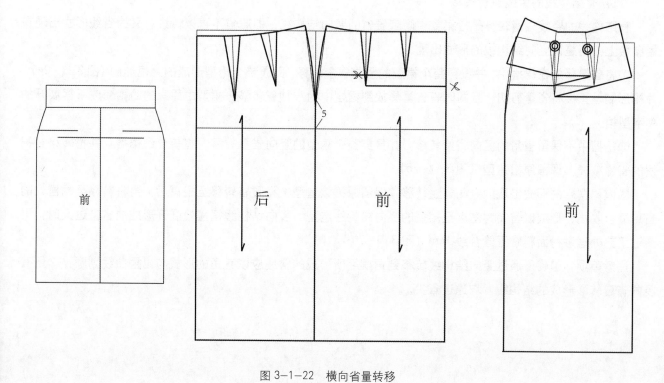

图 3-1-22 横向省量转移

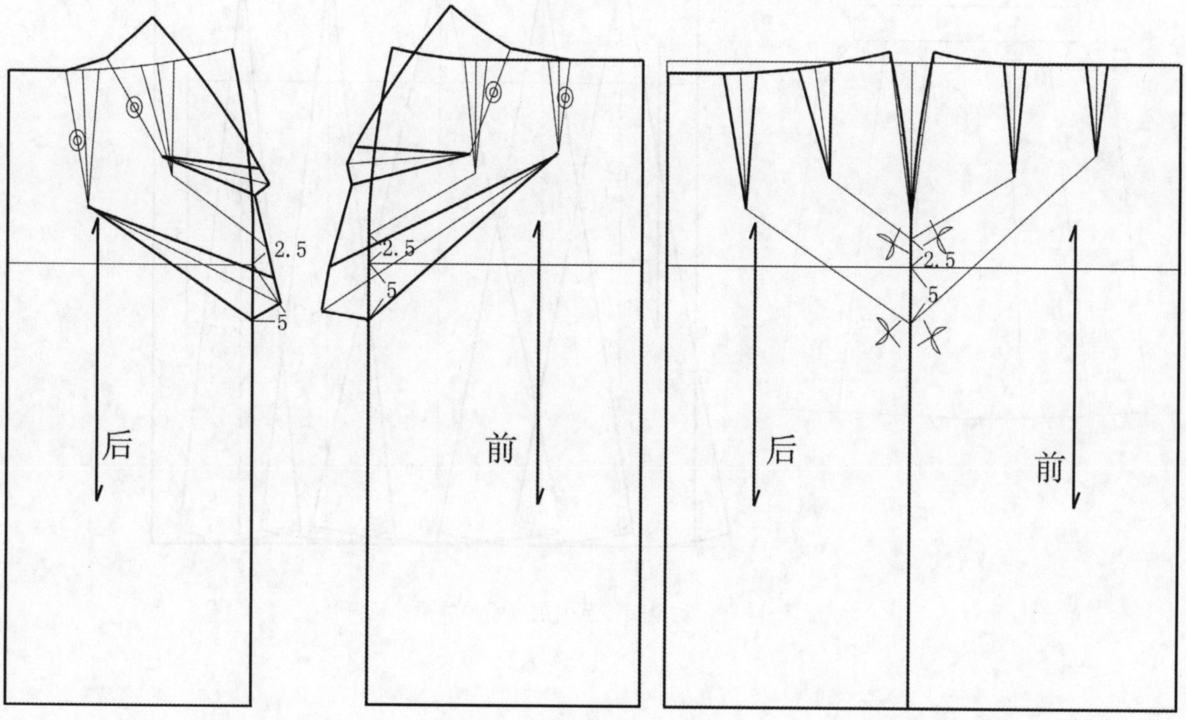

图 3-1-23 斜向省量转移

3．竖向省量转移

（1）有结构线的竖线省量转移

有结构线的竖线省量转移是指裙款中隐藏腰省的竖向结构线，即腰省不再以传统意义的省线形式出现在裙腰腹上，而是以竖向结构线的形式出现。

①将省量释放在裙摆中，并贯穿整个裙型的竖向省量转移。贯通整个裙型形成的片裙形制（图3-1-24），片裙形制是直接将省量剪切，且同时将省量释放到裙摆中的一种省转移，裙型由原来的筒裙变成下摆展开的A字型裙。

②裙摆中不保留省量的竖向省量转移，并贯穿整个裙型的竖向省量转移。将转移到裙摆，并将转移至裙摆的省量减掉，保留原裙造型（图3-1-25）。

③以裙摆省的形式出现的竖向省量转移。保留原裙款造型，将腰省转移至裙摆后，再将转移至裙摆处的省量缝合收拢，形成以省尖为基点至裙摆的竖向结构线造型，竖向结构线裙摆处展开形成的省量过大时，可通过工艺处理进行面料修正缝合线1cm（图3-1-26）。

注意事项：①省量通过竖向结构线转移到裙摆后所形成的斜线应以直角的形式与裙摆曲线划顺；②所有竖向省量转移形成的结构线，均通过省尖。

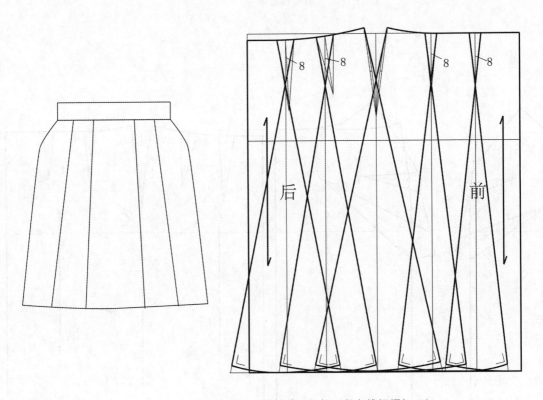

图3-1-24　省量转移至裙摆（竖向线裙摆打开）

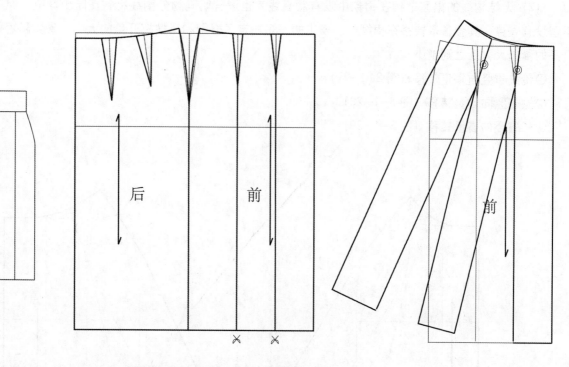

图 3-1-25 省量转移至裙摆（竖向线裙摆不打开）

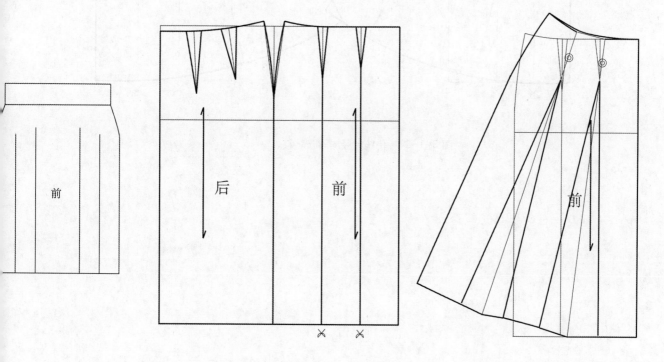

图 3-1-26 以省的形式收在裙摆里的竖向结构线

（2）无结构线的裙型是指在裙款中没有腰省线，也没有明确的分割线将省量隐于其中，但这并不代表裙型没有省量，其腰省多转移在裙摆中。省尖的长短决定了臀围和裙摆打开量的大小，省尖越短臀围与裙摆打开的量越大，反之则越小。

①传统省竖向省量转移（图 3-1-27）；

②短省竖向省量转移（图 3-1-28）；

③长省竖向省量转移（图 3-1-29）。

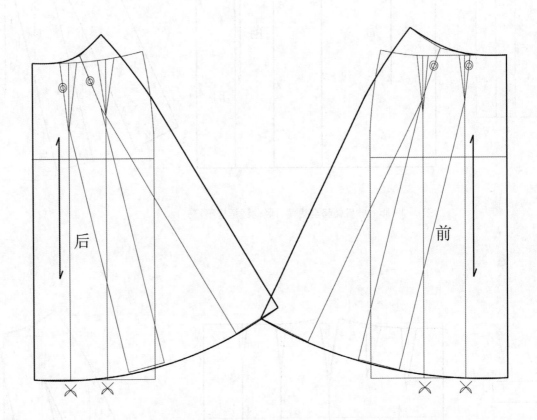

图 3-1-27　传统省竖向省量转移

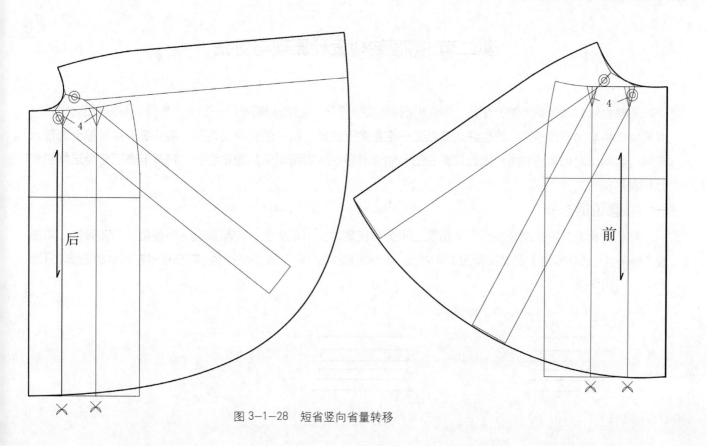

图 3-1-28 短省竖向省量转移

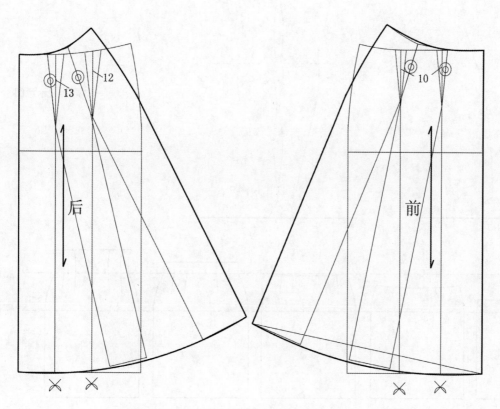

图 3-1-29 长省竖向省量转移

第二节 裙腰结构设计原理与方法

　　裙腰由腰位和腰头两部分组成，两者相辅相成缺一不可。腰位是裙身的一部分，是腰头与裙身的公共线，共同构成裙腰的不同形态，腰位线的高低在一定程度上决定了腰头的宽窄与造型；腰头是与裙身缝合的带状部件，起到固定裙身的作用，因此腰头在工艺制作时多在双层面料里加烫粘合衬，按其形态可分为连体腰和分体腰两种形式。

一、按腰位形态分

　　腰位是裙身与腰头的公共线，从形态上可分为低腰位、中低腰位、实际腰位、中腰位、中高腰位、高腰位6种形式，划分形式主要以实际腰位为基线，向上属高腰位，向下取为低腰位。实际腰围在人体的最细处（图3-2-1、图3-2-2）。

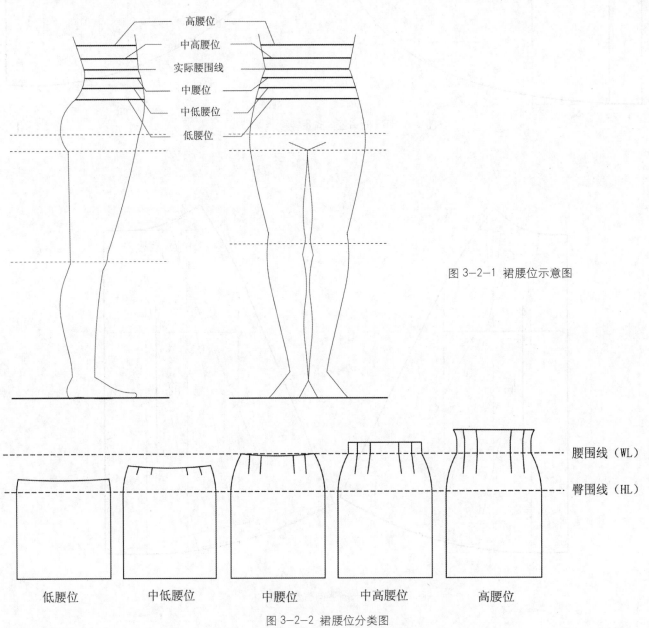

图 3-2-1 裙腰位示意图

图 3-2-2 裙腰位分类图

（一）高腰位（图3-2-3）

以实际腰线为基线，向上增加裙腰的高度，以胸围线下围线为高腰位的上升底限，这种裙型被称之为高腰裙，但当裙腰位超过胸围线时，则裙装的高腰性质发生变化，名称也由原来的高腰裙变为连衣裙。高腰裙在制版过程中，要注意高腰上围线的尺寸长度与人体尺寸的一致性。由于人体尺寸自腰部至胸围底线是一个逐渐增加的过程，因此制版时，随着裙腰高度的增加，尺寸应有所加放，并均匀地加放在省量和侧缝线处，所加尺寸量与人体的实际尺寸围度基本相同。

（二）实际腰位

实际腰位主要是指人体腰部最细处，是人体腰部尺寸测量的关键部位，裙原型制版则采用实际腰位，在此不再赘述。

（三）中腰位

中腰位是指略低于人体的实际腰位，是现代裙装常用的腰位。中腰又分为中高腰和中低腰两种形式，以实际腰位至高腰位的 1/2 处为中高腰位（图3-2-4），以实际腰位至低腰位的 1/2 处为中低腰位（图3-2-5）。

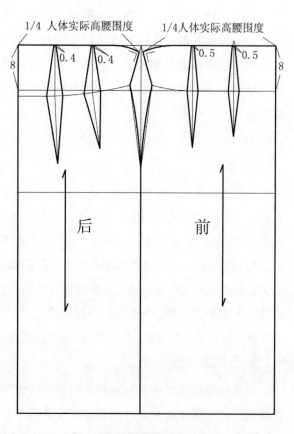

图 3-2-3 高腰位

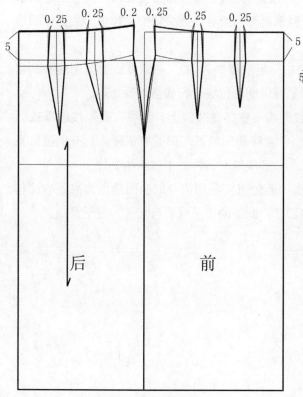

图 3-2-4 中高腰位

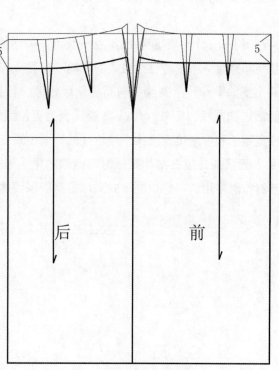

图 3-2-5 中低腰位

（四）低腰位（图3-2-6）

以实际腰位为基线，向下测量一定数据，多在腹围线以上，裙腰线的长度应与人体所在位置的围度相同。由于尺寸下降而造成裙腰部与人体附着力度降低，因此制版过程中多在前后侧缝线处，向里进0.5cm左右来加强裙身与人体的附着力度。

二、按其工艺分

（一）连体腰

连体腰是指无腰位线，或者称之为无腰头，即腰头与裙身无明显分割线的结构造型，制版时要充分考虑连身腰的高度与围度。以实际腰位为基准，向上受胸廓影响整个形态呈倒梯形，向下受臀围影响整个形态呈正梯形，因此只要实际腰位处没有腰位线，以腰位线为基准的上下裙款省量则不能通过结构线转移省量，只能以腰省的形式出现。连体腰一般分为连体高腰、实际腰、中腰和低腰四种形式。

（二）分体腰（图3-2-7）

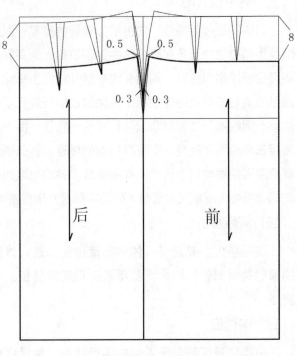

图 3-2-6 低腰位

分体腰是指裙装中有独立腰头的裙装结构形态，腰位线是腰头与裙身的公共线。根据分体腰的结构特点，其结构设计主要从腰头设计和腰位线设计两个方面入手。腰头设计主要有宽腰头、窄腰头、长腰头和无腰头4种形式，其制版方式有独立制版和在裙身上制版两种形式；裙腰位线的结构设计主要有位置、造型变化，但因为裙腰位线属于裙身与腰头的公共线，因此腰位线造型变化应与腰头下围线造型变化相一致，但是复杂的裙位线的造型变化在一定程度上增加了工艺难度，所以多数情况下，腰位线的造型变化较少，主要以圆顺的弧线为主。

1.窄腰头（图3-2-8）：窄腰头的宽度一般为1～2cm左右，当窄腰头为0时，裙装款式变为无腰头的裙装造型，窄腰头和宽腰头不受腰位线位置的影响，但腰头省量可借助腰位线进行省量对调处理。

2.宽腰头（图3-2-9）：宽腰头与高腰制版相似，但腰围线可在传统腰线上，也可在腰围线以下或以上，宽度不能超过胸围线以下4～5cm。宽腰头因为腰位线的位置移动形成不同形式的宽腰头，有低腰位宽腰头、高腰位宽腰头和中腰位宽腰头，腰位线的不同位置变化，形成造型迥异的裙款结构设计。

3.无腰头：无腰头是指在结构制版时将裙款的腰头省去，而是直接利用裙身的腰围线作为裙腰的结构造型，在工艺制作时多用斜料包边的形式完成裙身腰围线的工艺。此处的带子可适当加长，便于系结。

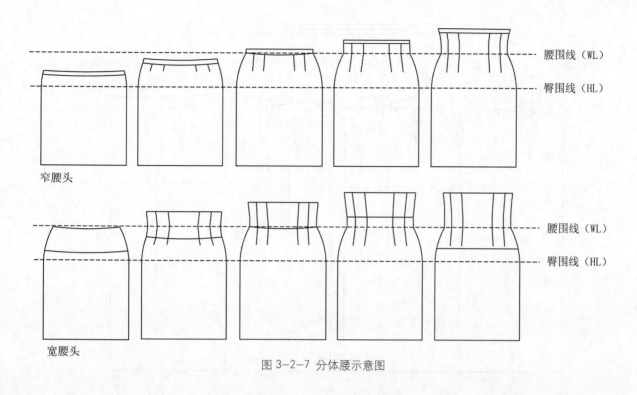

窄腰头

宽腰头

图 3-2-7 分体腰示意图

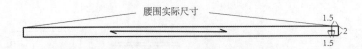

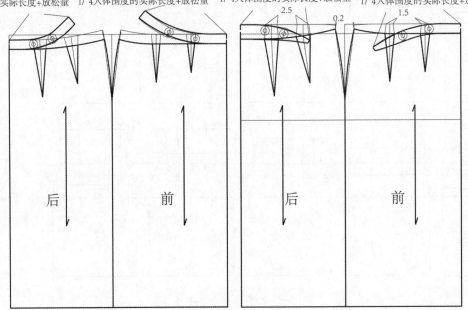

图 3-2-8 窄腰头

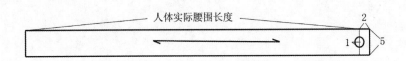

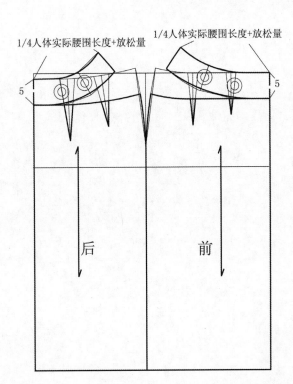
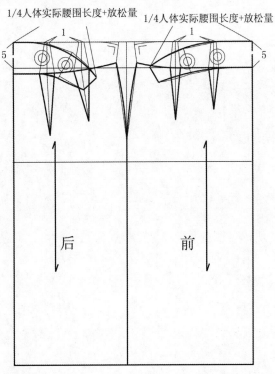

图 3-2-9 宽腰头

三、裙腰头结构设计与变化规律（图3-2-10）

裙腰头结构变化主要在于腰头的上围线、后中心线、前中心线、侧缝线处的线条变化，或直或曲，或对称或不对称等设计技巧，以3.5cm宽的腰头为例。

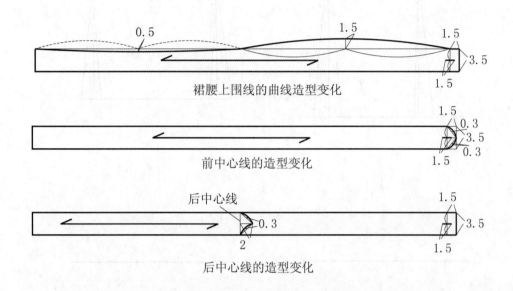

裙腰上围线的曲线造型变化

前中心线的造型变化

后中心线的造型变化

图3-2-10 腰头结构设计与变化

第三节 裙摆结构设计原理与方法

作为裙长的结束线，裙摆的宽窄直接决定着人体下肢的活动量，因此裙摆设计既要考虑裙摆的功能性，又要兼顾其审美性。裙摆结构设计主要包括裙摆的大小和造型变化。

一、裙摆的大小变化（图3-3-1、图3-3-2）

1. 小裙摆裙。又叫窄裙和一步裙。裙摆小于臀围宽，裙摆处微微收拢，所收尺寸与裙长有关，如中裙（裙长膝围处），在侧缝线与裙摆交点，向里收0.5～2cm；裙长至脚踝的长裙裙摆一般收0.5～1cm，并需要裙衩口的辅助，来满足裙装的活动量。微收后的裙摆线与侧缝线的交角呈钝角，为满足裙摆表征的平整与顺滑，适当延长裙侧缝线0.5cm左右（裙摆越小，侧缝线延长越长），并与裙摆线呈直角，曲线连接至前后中心线。

2. 大裙摆。又叫"A"字裙和大摆裙。是指裙摆大于臀围线的裙装造型。当裙摆大于臀围线时，裙侧缝线与裙摆交角呈锐角，侧缝线变长，会形成裙摆侧缝长前后中心线短的不对称形态。因此，制版时多采用侧缝线上翘几厘米的做法，使裙摆的侧缝线与前后中心线处于同一个水平面。裙摆越大起翘越大，相反裙摆越小，起翘越小，并与裙摆呈直角，曲线划顺至前后中心线。

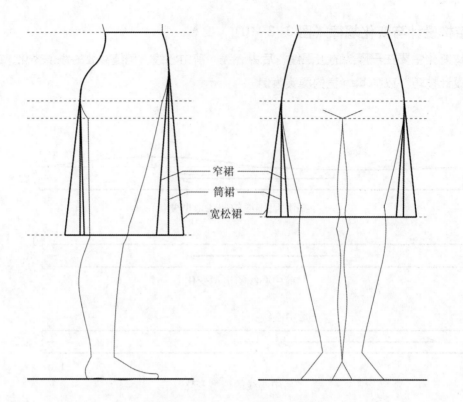

图 3-3-1 裙摆大小示意图

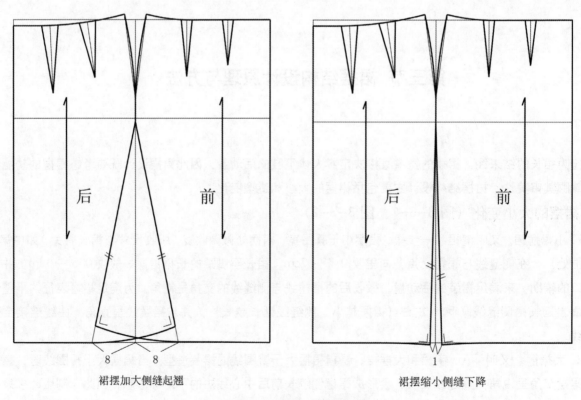

裙摆加大侧缝起翘   裙摆缩小侧缝下降

图 3-3-2 裙摆大小制版规律

二、裙摆的造型变化

裙摆的造型变化多样，是裙款结构设计的重点，在瞬息万变的今天，各种创意性裙装造型越来越受到消费者的认可和喜爱，裙摆的造型设计也由此变得丰富多彩，或直或曲、或对称或不对称、或单层或多层以及添加装饰物设计等，为裙装的结构设计增色不少。

（1）曲线条裙摆结构设计。是指裙摆造型呈规则或不规则的曲线造型，其造型的具体形式根据设计要求来完成。由于裙摆的特殊造型，裙摆与侧缝线的交角不一定是直角，或锐角或钝角（图3-3-3）；

（2）对称裙摆。是指整个裙摆前后左右的对称性，是常见的裙摆造型，结构制版严谨规矩，没有特殊要求的情况下，侧缝线与裙摆线呈直角；

（3）不对称裙摆。是相对于对称裙摆的造型来说的，其结构造型不再以对称为目标，或前后不对称，或左右不对称，或整体裙型不对称等。整款裙型呈随性、活泼、浪漫的风格。制版过程中还应把握好裙摆不对称之间存在的审美性与合理性（图3-3-4）。

（4）多层裙摆。两层以上的裙摆被称为多层裙摆，通常情况下的裙摆为单层裙摆，但有时为了款式设计的需求，裙摆会出现多层形式。多层裙摆多以不同长度差和肥度差形成错落有致的层次感，是公主裙中常用的裙摆结构设计之一（图3-3-5）。

注意事项：特殊的裙摆结构设计对于侧缝线的要求不再限定于侧缝线是否成直角的制版规则，而更多的是追求一种审美意义上的造型，它也许有悖于传统，但其创新性却不容忽视。

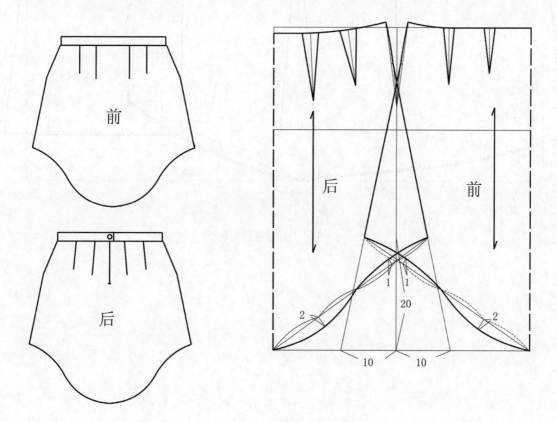

图3-3-3 曲线裙摆结构制版

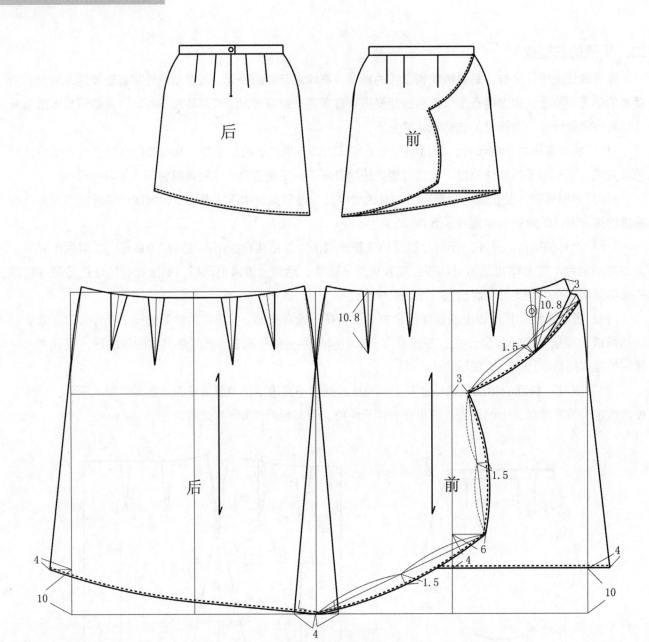

图 3-3-4 不对称裙摆结构制版

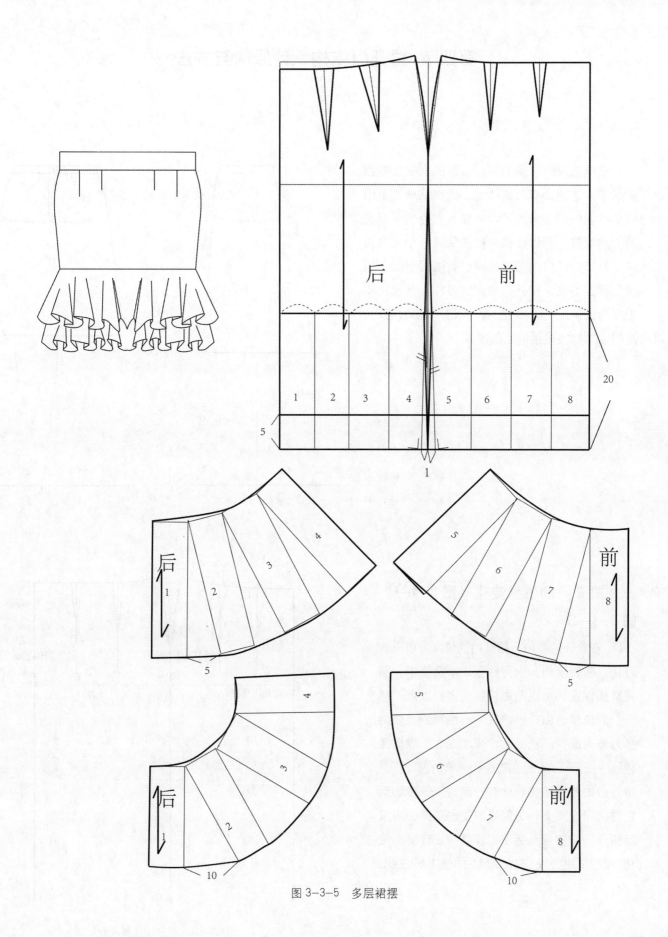

图 3-3-5　多层裙摆

第四节 裙开门结构设计原理与方法

　　裙腰与臀围之间的差以省量的形式使裙型满足了人体凹凸有致的体型，但也从根本上阻碍了丰满的臀部通过紧收的腰头，为了满足裙装的功能性，可以在裙装的腰头某一个点位做竖向开口，开口的长度需通过臀围线附近，以满足臀围宽度。裙开门的形式多样，其设计点主要为位置、造型、长短、多少及外观形式五种。是裙装功能性较强的结构部件。

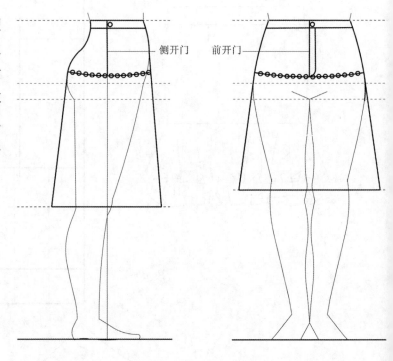

图 3-4-1 裙开门示意图

一、裙开门的位置变化（图 3-4-1、图 3-4-2）

　　在设计的领域，裙开门的位置可以千变万化，随着求新、求异的服饰审美要求，服装零部件设计也逐渐由传统向创新发展，裙开门的位置也由传统的后中心线和侧缝处向多方位发展，或前或后，或左或右，或取裙腰线的任意一点。但在功能和习惯的前提下，裙开门的位置结构设计有一定的规律性和既定性，即在人类行为舒适方便的范围之内设定裙开门的位置，会使裙装结构设计更人性化，如前后中心线、左右侧缝线和前片的左侧。

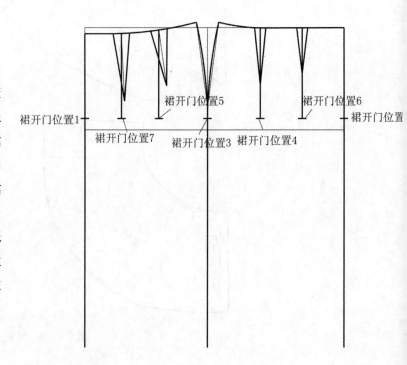

图 3-4-2 裙开门位置变化制版

二、裙开门的长短变化（图3-4-3）

裙开门的长短决定了裙装的功能性，其中对裙功能造成的最大影响是过短的裙开门对臀围围度的影响。因此，最短的裙开门也必须以满足臀围的围度为限，即裙开门最短不能短过侧缝线的弧线。一般在臀围线上升4cm处为最短裙开门位，再短就会妨碍裙功能的正常穿脱；裙开门的长度设计并没有确切规定，因为过长的裙开门并不会对裙装的功能性造成影响，对它的设定只要把握住美观程度即可。但当裙开门长到与裙摆相交或穿过裙摆时，裙身打开，形成一种全新的裙型，以后中心线为例。

注意事项：①位置的变化以舒适方便为主；②短的裙开门以不妨碍裙装的功能性为主；③传统意义的裙开门位置多在前后中心线和左右侧缝线处；④分体腰的裙开门，裙身和腰头的开门相对独立。一般情况，腰头有叠门，裙身开门做隐形拉链处理，但是连体腰裙的开门不需要分开制版。

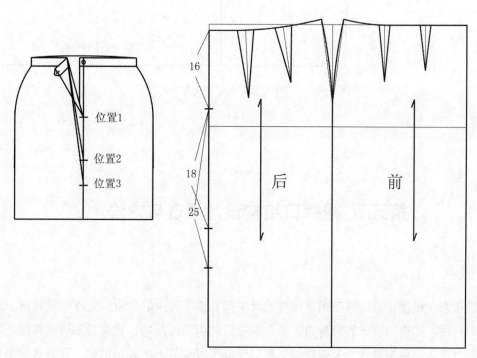

图 3-4-3 裙开门长短变化制版

三、裙开门的造型变化（图3-4-4）

裙开门一般采用钉纽扣和装拉链两种形式。钉纽扣的裙开门，需有裙叠门，一般情况下，裙叠门为1.5～2.5cm，裙开门的造型变化主要在裙叠门上进行；裙开门以拉链的形式完成时，不能进行造型上的变化，同色隐形拉链是裙款开门运用较多的辅助材料。

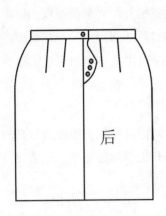

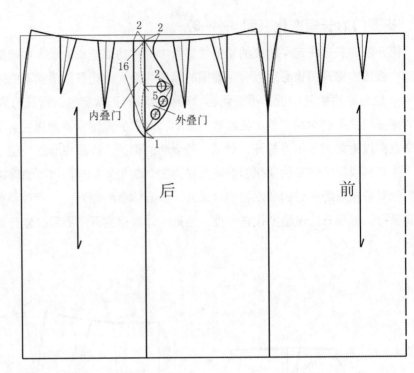

图 3-4-4 裙开门造型变化结构制版

第五节 裙衩口结构设计原理与方法

　　裙衩口并不像裙腰、裙摆、裙门襟在裙款结构设计中具有必不可少的地位，它在一定程度上起到对某种款式功能性的调节作用。如裙长较长的紧身裙，若没有衩口的调节与帮助，裙摆将阻碍人体的正常活动，从而造成裙款的功能性丧失。但当裙款为大裙摆时，衩口便成了可有可无的装饰结构。有时贯穿至裙摆的裙门襟会在结构意义上成为与裙衩口合二为一的结构线，使其具有双向功能的结构造型。裙衩口的结构设计主要包括衩口的高低、位置、造型三个方面。

一、裙衩口的高低变化（图 3-5-1、图 3-5-2）

　　对于较长的紧身裙来讲，衩口的高低直接决定着裙款的功能性，髌骨线（膝围线）以上 3～5cm，是裙衩口低点极限，低于 3cm 的裙款造型，人体部分活动会受到限制，如上楼梯等。因此，当裙装长至髌骨线（膝围线）以上 3～5cm 时，不开衩口也能保证人体的正常活动。衩口的高点结构上不做要求，但传统意义上的裙衩口高度最好不要超过大腿中部，以免造成不必要的露怯现象。由此可见窄裙的衩口的上限以大腿中部，下限则在髌骨线以上 3～5cm 为最佳。当然针对阔摆的裙型，衩口的功能性消失，只作为装饰性的衩口，只有高度的制约，而没有短度的限制。

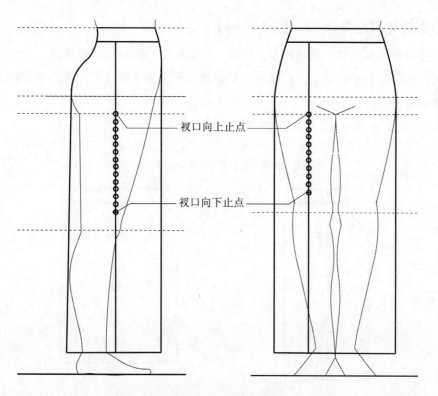

图 3-5-1 衩口高低示意图

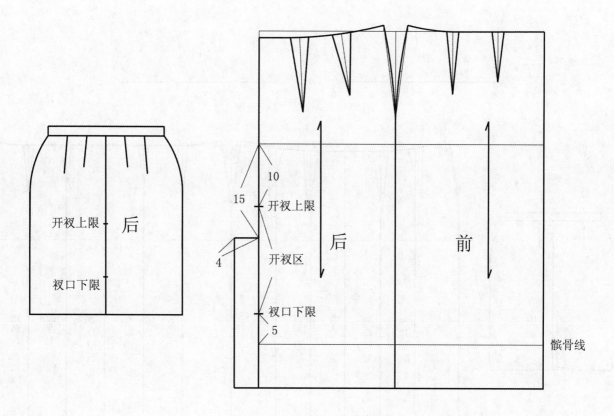

图 3-5-2 衩口高低结构制版

二、裙衩口的位置变化（图 3-5-3、图 3-5-4）

衩口的位置并不会阻碍裙款结构的功能性，因此，位置的结构设计相对较灵活，一般情况下裙款的衩口多设置在裙款的两侧和前、后中心线上。但随着对裙装款式要求的不断升级，衩口的位置也日趋灵活，但其设计点仍旧主要在裙款的前片上进行。

腰围线上的每一个点都可以成为衩口线的位置

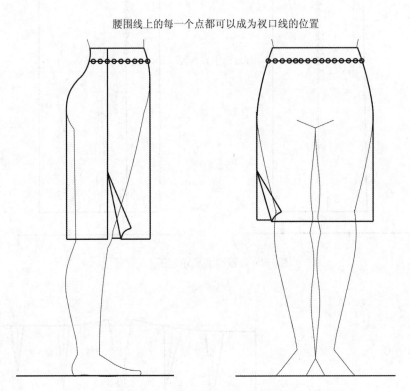

图 3-5-3 衩口位置示意图

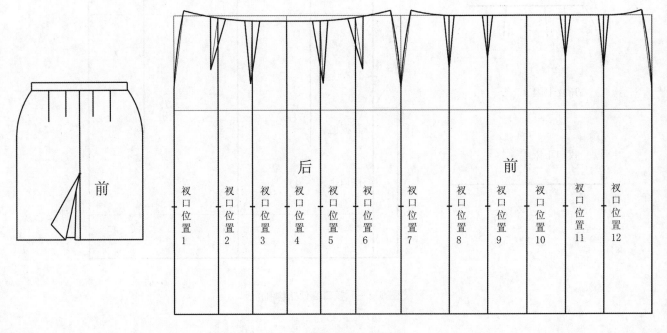

图 3-5-4 衩口位置结构变化规律

三、裙衩口的造型变化（图3-5-5）

衩口的造型和裙开口的造型结构设计原理相同，都是由内叠门和外叠门两部分组成，内叠门造型相对单一，外叠门根据裙型的设计不同而发生变化，是裙子设计的一个亮点，同时，内外叠门的造型针对裙装结构的功能性不会有太大的妨碍，因此在不造成过分复杂工艺的前提下，裙衩口形式是多样的。其特殊性的造型，无非是为裙型锦上添花。

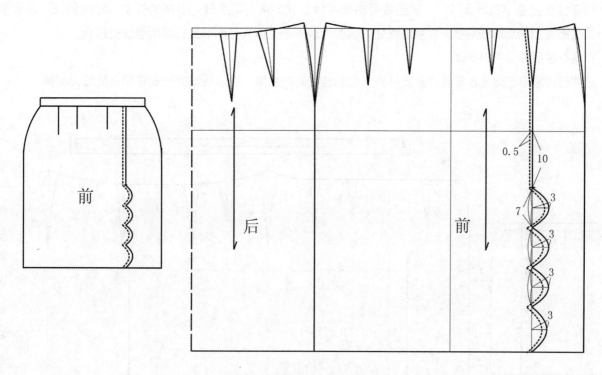

图 3-5-5 衩口造型的结构制版

第六节 裙侧缝线结构设计原理与方法

裙侧缝线既是前后裙片的分水岭，又是体现人体侧面胯部及腿部造型的结构线，特别是人体侧面臀部与腰部的曲线造型更是决定了裙装的适体性，这也是为什么侧缝线处的腰位线需上升0.5～1.5cm来满足胯部的凸起，胯部凸起得越大，起翘越大，反之则越小。从裙侧缝线表征形态上可分为有侧缝线和无侧缝线两种形式，有侧缝线主要有位置、造型、长短等变化；无侧缝线则是将前后侧缝线收掉，臀围以上的侧缝余量，以省的形式出现，或将侧缝省进行转移，实现视觉效果上的无省形式。

一、有侧缝线结构制版

（一）侧缝线的位置

　　侧缝线的位置在很多资料书上都有不同的讲解，研究点主要是前后腰围和臀围的宽度设定上，刘瑞璞老师讲解的英式裙子基本纸样的后臀围线宽度增加1.5cm，后腰围长度比前腰围长度大2cm；美式裙子基本纸样的后臀围线宽度增加1.3cm，后腰围长度比前腰围长度大1.9cm；而第三代裙子标准基本纸样却是前后的臀围线等长，前后腰围等长。陈明艳老师则认为前臀围线应增加1cm，后腰围长度小于前腰围长度2cm。究其目的，无非使裙侧缝线更接近于人体侧面的正中，从而使外观上更加美观、均衡。但笔者认为，侧缝线的作用既有其功能性的一面，同时也有审美性的一面，如果只局限于侧缝线的具体位置，也许会束缚裙装设计的思路，打破传统界限的约束才会使设计走得更远。

　　1.侧缝线前移（图3-6-1）。侧缝线可根据具体款式要求向前平移，平移的位置与裙款的设计需求相符合。形成视觉上的侧缝线前移，但侧缝线处的余量可以不动，以省量的形式在原侧缝线处缝合。

　　2.侧缝线后移（图3-6-2）

　　把侧缝线应有的余量以省量的形式缝合，但侧缝线处的余量，可以省量的形式在原侧缝线处减掉。

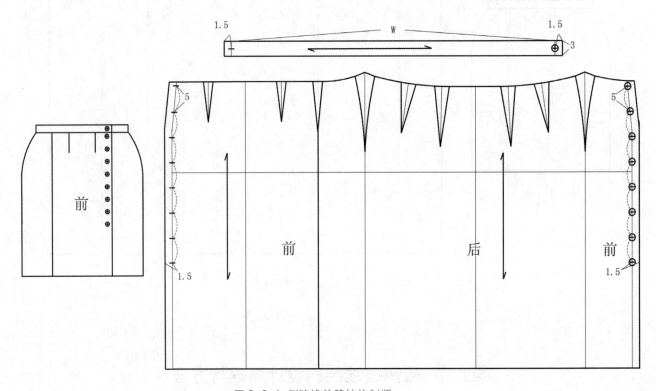

图 3-6-1 侧缝线前移结构制版

（二）裙侧缝线的长短变化

　　传统的裙装侧缝线与裙身呈流畅的弧线形，视觉上具有等长的效果，因此，侧缝线与裙摆的衔接点往往选择直角的造型。突破传统长度的侧缝线会出现与裙摆成钝角的短侧缝线形式和与裙摆呈锐角的过长侧缝线形式。当然也不排除侧缝线造型在工艺上的变化与革新。

　　1.短侧缝线（图3-6-3）。

　　2.长侧缝线（图3-6-4）。

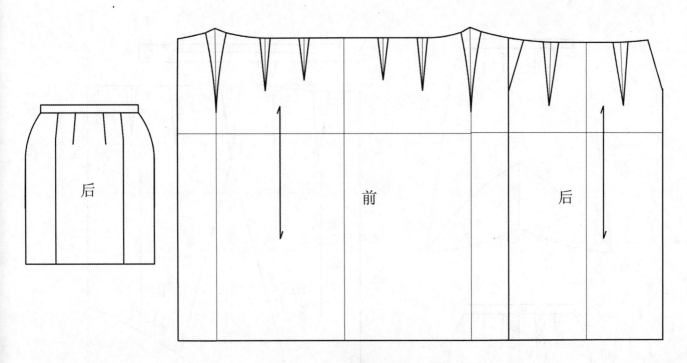

图 3-6-2 侧缝线后移结构制版

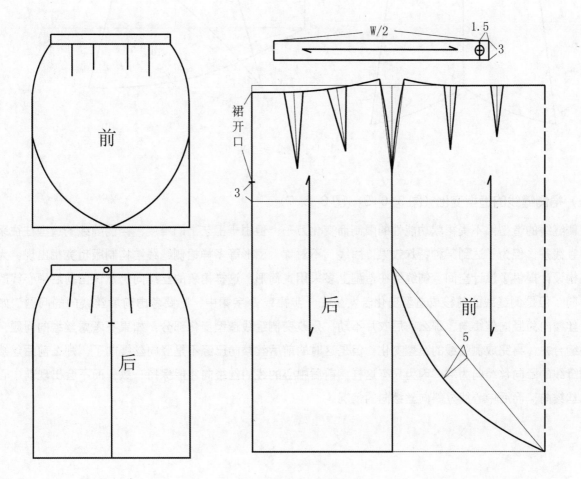

图 3-6-3 短侧缝线结构制版

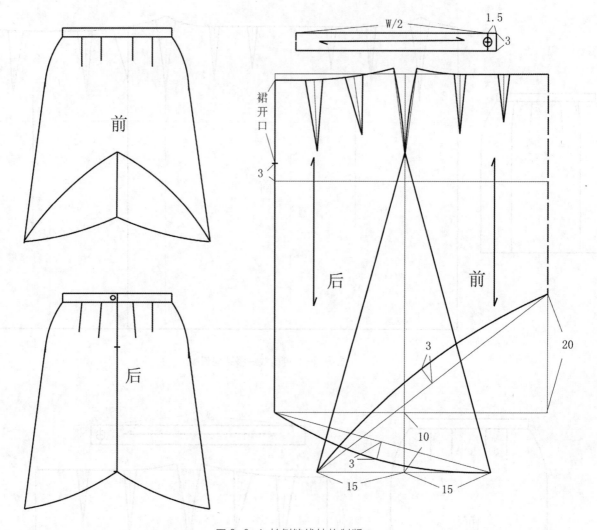

图 3-6-4 长侧缝线结构制版

（三）裙侧缝线的造型变化（图 3-6-5～图 3-6-7）

　　侧缝线的造型因不受裙款功能性的限制而变化万千，但由于工艺上的难度，裙侧缝线的造型往往采用传统的直线条，但为了达到某种特殊效果，曲线、不对称、菱形等多样裙侧缝线结构制版也竞相出现，为裙款的结构设计提供了设计空间。侧缝线在造型上多采用直筒形，这样裙装的丝缕向仍然保留前后中心线的竖向丝缕向，但是侧缝线的前移或造型变化若发生在一步裙或 A 字裙中，则要考虑前后丝缕向的问题，如果以前后丝缕向为竖向丝缕向，那么前后衣片不动，只改变侧缝线造型变化部分；如果不考虑丝缕向问题，可先将侧缝合并，再完成侧缝线的造型变化，但是这时的前后丝缕向已经不是竖向丝缕向了，那么前后丝缕向应以侧缝线的竖向丝缕向为准，因为只有这样，前后中心的线的丝缕向才能保持一致，而不会出现前中心线是竖向丝缕向，而后中心线是斜向丝缕向的情况。

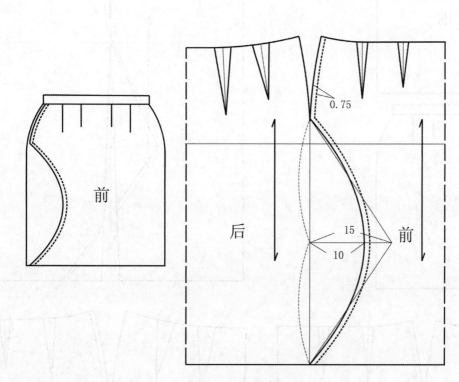

图 3-6-5 侧缝线造型变化

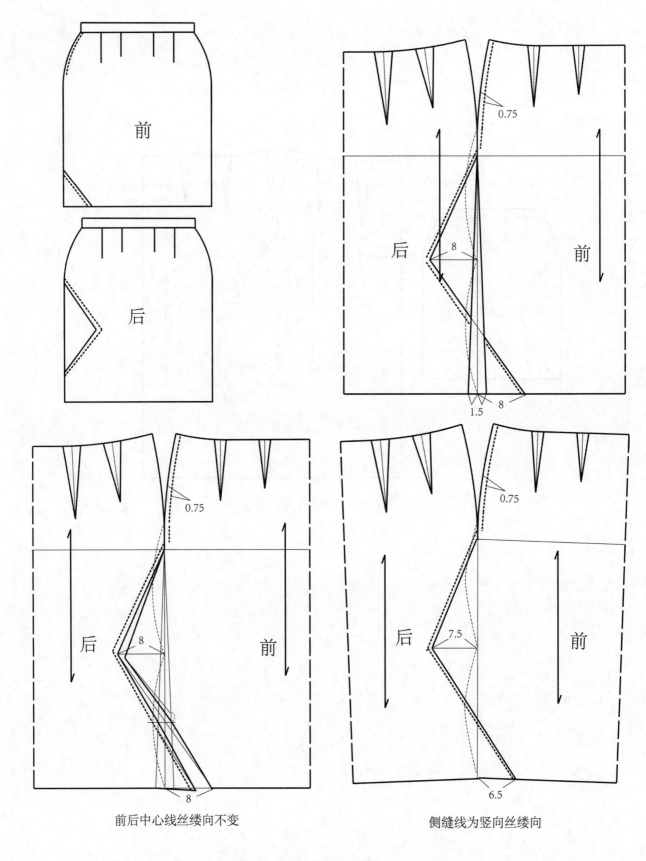

前后中心线丝缕向不变

侧缝线为竖向丝缕向

图 3-6-6　一步裙侧缝线造型变化

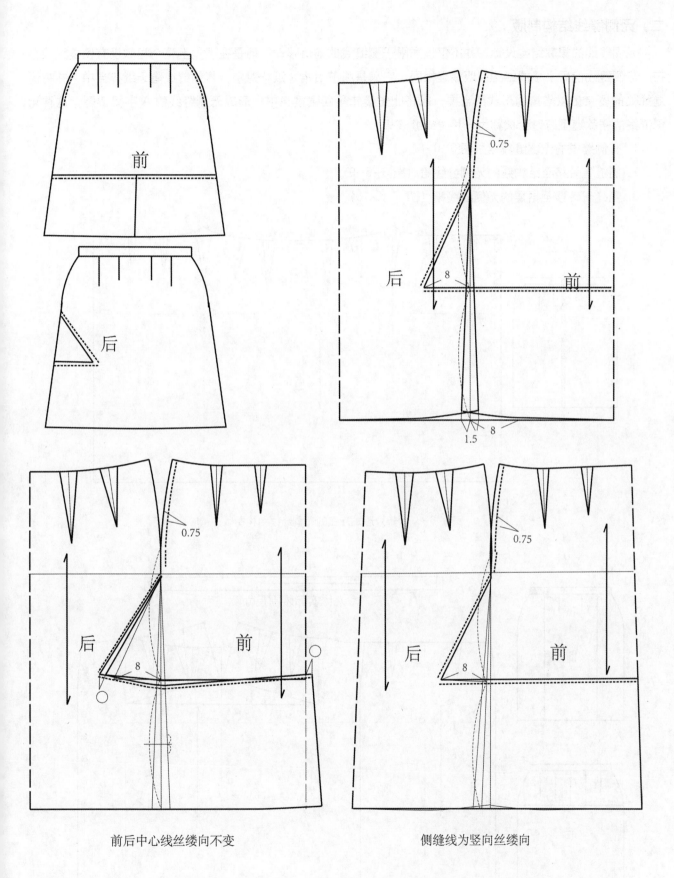

前后中心线丝缕向不变　　　　　　　　　侧缝线为竖向丝缕向

图 3-6-7　A 型裙侧缝线造型变化

二、无侧缝线结构制版

无侧缝线的裙款结构设计，并不仅仅局限于侧缝线的前后移动，而是在视觉上整个裙款没有侧缝线的存在，与侧缝线前后平移的结构制版原理相同，它只是将前后裙片纸样对接，将侧缝线隐于纸样当中，并将侧缝线处的多余量以省量的形式缝合掉，或将此省量转移到裙摆当中，形成无侧缝线的 A 字裙造型。这种无侧缝线的裙款造型有时会被称为一片裙或缠裹裙。

1. 有侧缝省的无侧缝线裙（图 3−6−8）。

2. 侧缝省转移至结构线的无侧缝线裙（图 3−6−9）。

3. 侧缝省转移至裙摆的无侧缝线裙（图 3−6−10）。

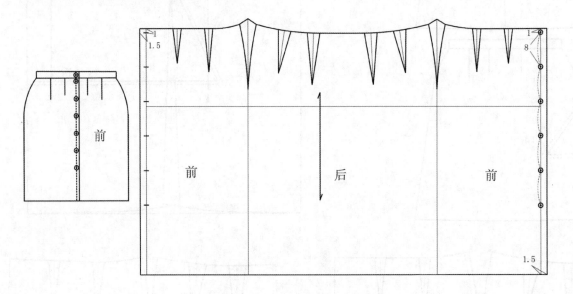

图 3−6−8 以省量形式存在的无侧缝线结构制版

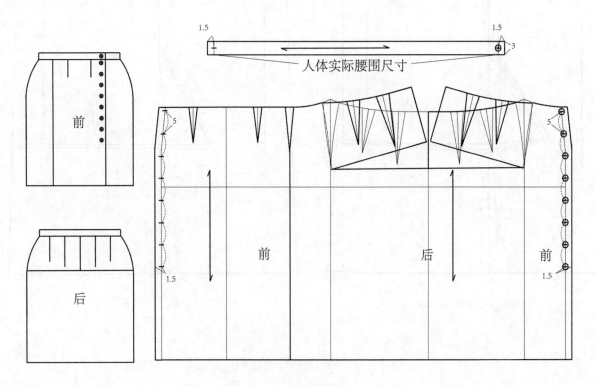

图 3−6−9 侧缝省转移

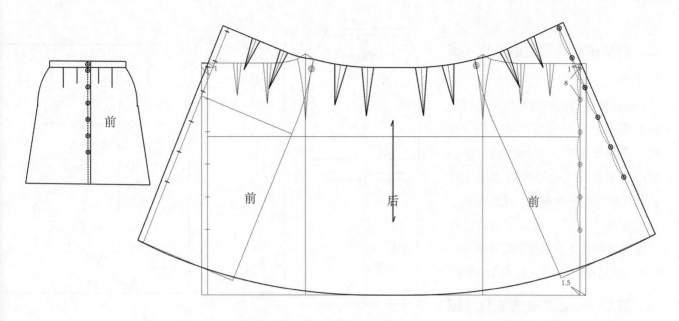

图 3-6-10　侧缝省转移至裙摆

第七节 前后中心线结构设计原理与方法

前后中心线在裙结构设计中是裙结构制版的辅助线，虽然有时在裙款表征上并不一定体现出来，但是制版时是裙装宽度、裙摆线、腰位线制版必不可少的参照线。前后中心线结构制版主要有位置、造型、长短的变化。

一、前中心线的位置变化（图 3-7-1）

将前后中心线处进行位置上的移动，前后中心线没有省量，因此位置移动简单直接，不需要考虑过多的功能性因素，而只需考虑前中心线在裙款中的审美性。

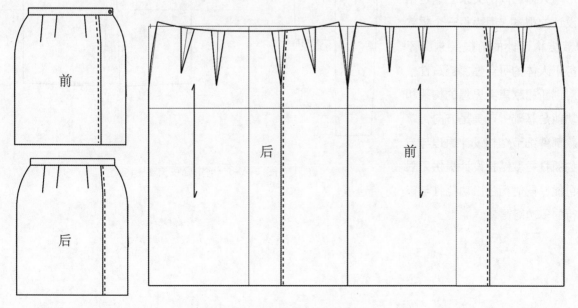

图 3-7-1　前后中心线位置变化

二、前后中心线的造型变化（图 3-7-2）

当前后中心线在裙装中出现时，一般情况下多为直线，裙开门、裙衩口多隐于其中。创新性前后中心线的造型变化，也逐渐成为现代裙装款式设计的一个重点，或圆或尖，或对称或不对称，或添加蕾丝、花边等装饰物，为裙装结构设计增添了新的设计思路。以前中心线造型为例。

三、前后中心线的长短变化（图 3-7-3、图 3-7-4）

前后中心线的长短是相对于侧缝线的长短而言的，当前后中心线长于侧缝线时，裙摆与前中心线的交角不再是直角，前中心线长，裙摆与前中心线呈锐角，短则呈钝角。

裙装结构细节设计不是完全孤立的，成熟的裙款结构设计往往包含两个甚至多个部件的细节创新。在满足功能性的基础上，要真正理解和掌握裙款部件细节之间的相互关系和裙款部件细节与人体之间的关系，这是裙款结构设计的根本。因为每一个裙款部件细节结构设计的前提要求，不仅仅服务于人体的可穿性、舒适性，更多是对创新裙款审美思想的构架和定位。功能是基础，审美是方向，掌握了裙款部件细节结构设计原理与方法，为创新性裙款结构设计提供无限的设计可能，同时衍生出功能性与审美性并行的多功能裙装。

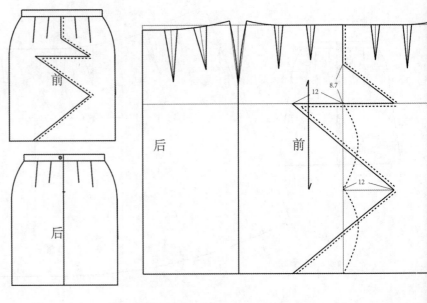

图 3-7-2　前中心线造型变化

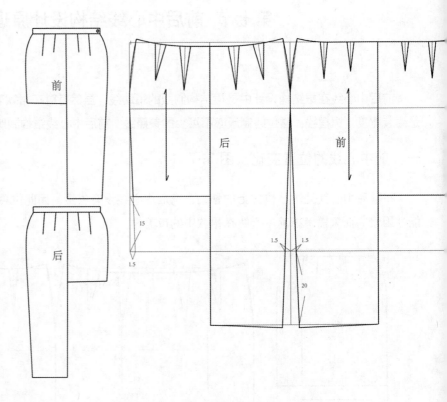

图 3-7-3　前中心线长短变化 1

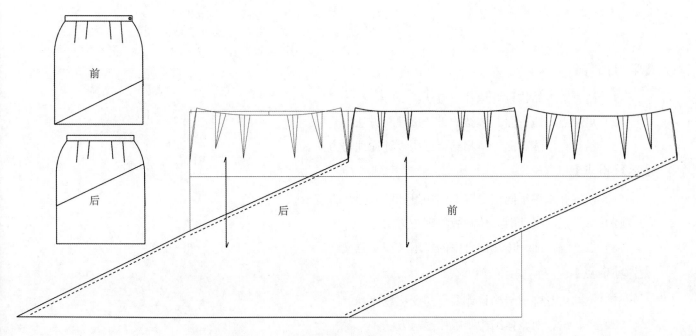

图 3-7-4 无侧缝线无中心线 2

【课后练习题】

(1) 各种裙腰省练习，着重练习省量转移。

(2) 不同形式的裙腰结构制版练习。

(3) 裙摆结构制版练习。

(4) 裙开门结构制版练习。

(5) 裙衩口结构制版练习。

(6) 裙侧缝线结构制版练习。

【课后思考】

(1) 裙腰省的多少、大小、长短、造型等变化规律。

(2) 裙腰省转移形式与变化。

(3) 裙腰宽、窄、位置、造型等形式的变化规律。

(4) 裙摆变化规律。

(5) 裙开门变化特点与功能性。

(6) 裙衩口高度、造型、位置对裙身影响。

(7) 裙侧缝线对裙身外观形态影响。

(8) 如何将裙装的各个部件在审美的指导下进行合理的穿插使用。

第四章 裙身结构设计原理与方法

【学习内容】

（1）裙身廓形结构设计原理与方法。

（2）裙身点、线、面、体结构设计原理与方法。

（3）裙身点、线、面、体相结合结构设计原理与方法。

【学习重点】

（1）理解并掌握不同裙身廓形结构设计的原理与方法。

（2）掌握点、线、面、体制版原理与方法。

（3）点、线、面、体在裙身中的作用及现实意义。

【学习难点】

（1）不同裙身廓形结构设计要点与变化规律。

（2）点、线、面、体结构制版原理与方法。

（3）不同形式的点、线、面、体在裙身中的变化规律。

第一节 裙身廓形结构设计原理与方法

　　裙身作为裙款主体，具有举足轻重的地位，它决定着裙子的整体造型和风格。裙身设计一般分为整体裙身结构设计和局部裙身结构设计两大部分，整体结构设计主要是指裙身的廓形结构设计；局部结构设计主要是指裙身点、线、面、体的结构设计。裙的廓形结构设计是指裙子的外部轮廓，它是由裙腰、裙身、裙摆三部分组成的，其中裙身的结构设计对裙子的廓形起着关键性作用。它是以人体下肢造型为依托，并以满足正常的人体活动为目的的裙装部件结构设计与制版。

　　裙身廓形结构设计可以从裙款的基本形态和外部造型两大方面来论述。按其基本形态分为四类裙型，长裙、短裙、阔裙、窄裙。外部造型分为H型裙、A型裙、O型裙、T型裙、X型裙、90°裙、180°裙、360°裙等。运用归类法原型裙属于筒裙的一种，相似于窄裙和一步裙，而O型裙、90°裙、180°裙、360°裙则应归于阔裙一组。而T型裙、X型裙，是基本裙型之间拓展组合下的产物，还有具有物化形态的裙装造型，如整个裙身加肥的蓬蓬裙（加裙撑），臀、腹加肥而下摆收口的气泡型裙款，腰部和下摆收紧而中间鼓起的郁金香型裙，腰部、臀部收起而在胯部蓬起并逐渐收于裙摆的酒瓶型裙等，都是裙身结构设计变化的杰作。

一、H型裙结构制版（图 4-1-1）

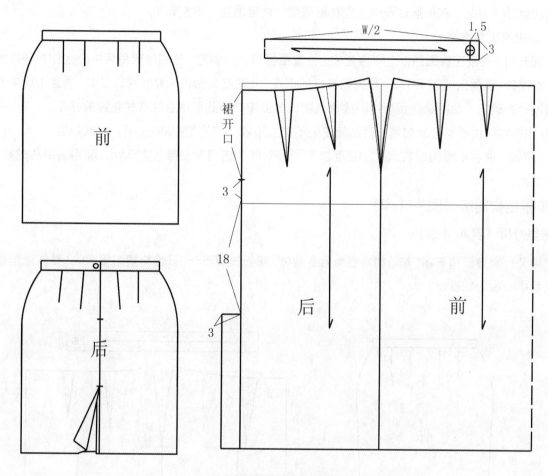

图 4-1-1 H型裙结构制版

（一）裙型分析

　　H型裙又称为筒裙，其结构特点较为紧身合体，裙长长短不一，裙摆不扩也不收，整体造型呈筒状，若裙长超过髌骨线应加衩口。

（二）所需尺寸（表 4-1-1）

表 4-1-1 H型裙制版所需尺寸　　　　　　　　　　　　　　　　　　　　　单位：cm

号型	部位名称	臀围(H)	腰围（W）	臀长（HL）	裙长（L）	腰头宽
160/66A	人体净尺寸	94	66	18	60	3
	成衣尺寸	98	68	18	60	3

（三）制版方法

由于 H 型裙属于较合体的筒形裙，它的贴体性具有裙原型的基本特点，但在某些关键细节又拥有更多的适体与功能性，因此，在制版过程中，应将裙原型作适当调整。调整如下：

（1）以裙原型为基样。

（2）加开口，长度在臀围线以上 3cm 左右，位置根据设计来确定，此图将选用后中心线作为开口的位置。

（3）加衩口，在臀围线以下 18cm 作为裙衩口的止点，并在此点作 3～4cm 衩口里襟，垂直于后中心线上。位置根据设计来确定，此图将选用后中心线作为衩口的位置，因此后中心线有拼接线的存在。

（4）裙摆线，由于其形状如筒，因此裙摆处不扩、不收，与原型裙吻合，可不加改动。

（5）腰头，腰头取腰围成衣尺寸，长度加 1.5～2cm 的搭门量，腰头宽 3cm，利用后中线的拼接线，为裙的开口点。

二、一步裙结构制版（图 4-1-2）

（一）裙型分析（表 4-1-2）

一步裙又称紧身裙和窄裙，其结构特点为紧身合体，裙长长短不一，只是裙摆向里微收，整体造型呈微"T"型，在裙后中心线上加衩口。

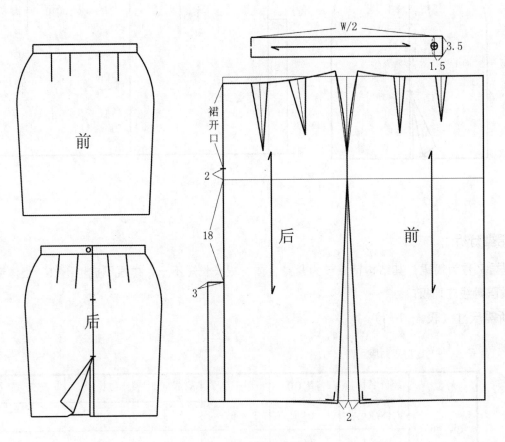

图 4-1-2 一步裙结构制版

（二）所需尺寸（表4-1-2）

表4-1-2 一步裙制版所需尺寸   单位：cm

号型	部位名称	臀围(H)	腰围（W）	臀长（HL）	裙长（L）	腰头宽
160/66A	人体净尺寸	94	66	18	60	3.5
	成衣尺寸	98	66	18	60	3.5

（三）制版方法

一步裙与H型裙都属于常见的裙型，其结构都有紧身合体的特点，唯一的不同处是下摆的造型，H型裙下摆不收呈筒形，而一步裙则下摆微收，因此，其结构制版与H型裙基本相同，但又有些许差异，是典型的小摆裙。在这里只把裙摆的结构制版做重点讲解。

（1）以裙摆辅助线与前后侧缝线的交点为基点向里各进0.5～2cm，裙摆所收尺寸与裙长有关，裙越长，所收尺寸越少。

（2）将前后侧缝线延长一定尺寸，使裙侧缝线与裙摆线呈直角，延长的尺寸与向内撇尺寸有关，即侧缝线内收越大，延长的尺寸越大，并作此线段的垂直线。曲线与裙摆辅助线相切，侧缝线延长的越多相切的点越靠近前后中心线。

（3）由于裙摆缩小，需加衩口弥补裙摆对人体活动量的束缚。

（4）裙开门设在后中心线上，偏离臀围线向上2cm，臀围线向下18cm（推荐数据）作为后开衩位，做后开衩内叠3cm，与后中线相平行，并用直线连接裙摆线。

注意事项：①侧缝线内收不易过大，以免造成功能性丧失，一般在髌骨线处收1～2cm，并以此为参照对其他较长的一步裙裙长进行设定。②开衩内叠需与不同位置的竖向线相平行，不宜过宽，也不宜过窄，一般在2.5～3.5cm，可独立裁剪，也可与主体裙身成为一个整体。

三、A型裙结构制版

（一）裙型分析

A型裙下摆放松呈喇叭状，但因放松量较小，又被称之为小喇叭裙和小摆裙。由于裙摆的打开，增加了裙装下体的活动量，因此无需裙衩口辅助，但衩口可作为装饰体现在裙款上。

（二）所需尺寸（表4-1-3）

表4-1-3 A型裙制版所需尺寸   单位：cm

号型	部位名称	臀围（H）	腰围（W）	臀长（HL）	裙长（L）	腰头宽
160/66A	净尺寸	94	66	18	50	3
	成衣尺寸	98	66	18	50	3

（三）制版方法

按A型裙结构特点可分为两片A型裙和多片A型裙两种情况。两片A型裙又分为腰臀合体和不合体两种类型；多片的A型裙对于片数并没有太大限制。

1.两片A型裙

将裙摆增加的量放在侧缝线处，量不应过大，量过大侧缝线会出现不必要的波浪形褶量，与直身裙摆形成不同的形态，影响整体的裙装效果。

（1）腰臀合体的A型裙（图4-1-3）

由于腰臀的合体性，确定了其上半部分制版方法与紧身裙的共性，其结构设计难点主要在扩摆量打开的位置、大小和裙摆造型。

1）裙摆打开的位置变化。款式要求腰臀处合体，因此以臀围线作为裙摆打开的最高基点；为满足裙装的功能性，打开量的最低基点多在髌骨线以上（髌骨线以下妨碍下肢正常活动），一般情况下，多在髌骨线向上5cm左右；打开的侧缝线与裙摆呈直角，并用曲线连接前后中心线。当然，此处的侧缝收起与下摆打开的位置可根据裙款的要求进行确定，如侧缝收至髌骨线以上附近，下摆展开至地面，形成鱼尾裙的裙装造型。

2）扩摆量的大小。侧缝线处所打开的放松量应有一定的尺寸限制，一般情况下，裙长越长，打开的量相对越大，但若过大时会造成裙摆余量在侧缝线处的堆积，影响视觉效果。

3）裙摆造型。在修正好的两片"A"字型裙的扩摆处起翘，起翘的尺寸与扩摆的大小有关，扩摆越大，起翘越大，反之则越小。

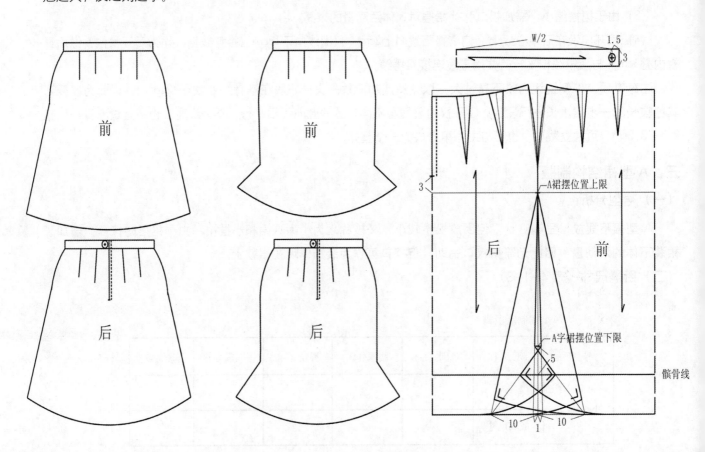

图4-1-3 腰臀合体的A型裙结构制版

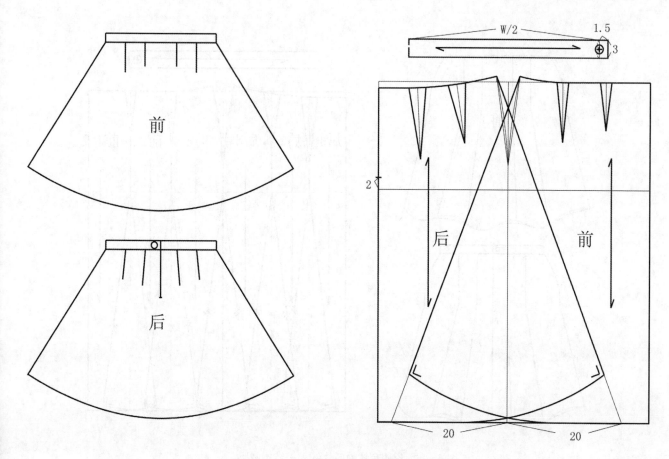

图 4-1-4 臀围不合体的 A 型裙结构制版

(2) 臀部不合体的A型裙 (图4-1-4)

臀围放松的两片A型裙，更符合小喇叭裙的造型特点，下摆打开的结束点可直接用直线与腰围直线连接，但连接时不能减少臀围的尺寸。因此，与腰、臀合体的A型裙相比，其扩摆量要相对大一些，侧缝线起翘的量也相对较大，并与裙摆线成直角，用曲线连接至前后中心线。

2.多片A型裙

多片的A型裙与两片的A型裙，制版相同，结构设计规律相同，同样具有阔摆结束点的位置变化、扩摆量的大小确定以及裙摆造型变化三部分。不同之处在于裙省结构线与裙摆量的分配。两片裙裙身无贯穿裙身的结构线，裙摆量的大小主要在裙侧缝线处加放；而多片A型裙，裙身上有与省量相通的结构线贯穿裙身，结构线的多少与裙身确定的省量多少有关，省量多，A型裙的片数多，反之则片数少。裙摆量被裙身上的结构线平分消化，裙摆打开形成的波浪纹理，优于两片A型裙造型。

从制版中，多片A型裙与两片A型裙在造型设计上是相同的，主要分为臀、腹合体的形式 (图4-1-5) 和臀、腹宽松的形式 (图4-1-6) 。

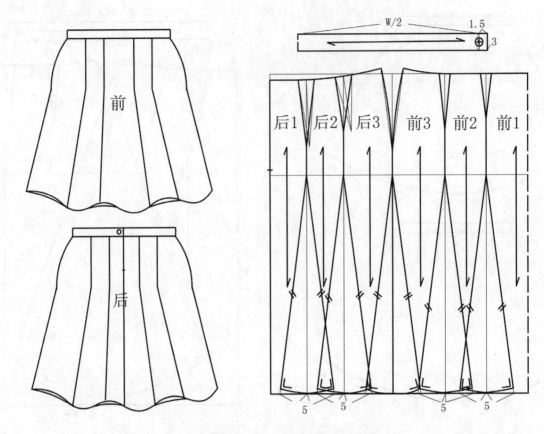

图 4-1-5 臀腹合体的多片 A 型裙结构制版

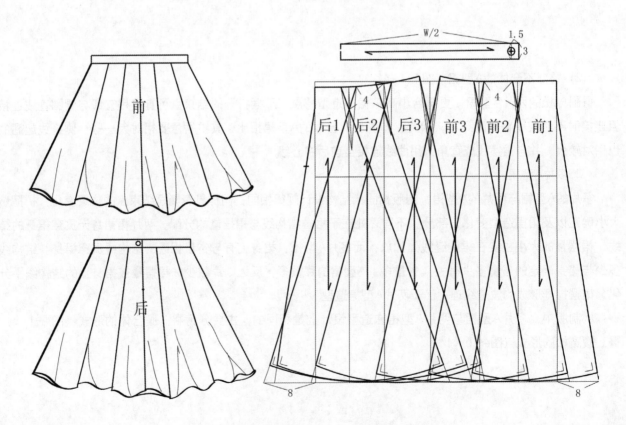

图 4-1-6 臀腹不合体的多片 A 型裙结构制版

四、O型裙结构制版（图4-1-7）

（一）裙型分析

O型裙又称蓬蓬裙和泡泡裙，其结构特点为裙身蓬起裙摆收紧。按其结构特点可分为无褶和有褶两种O型裙，裙身的大小和长短可根据设计来定。较大且面料轻薄的O型裙则采用裙撑的形式完成整个裙款的廓形设计。

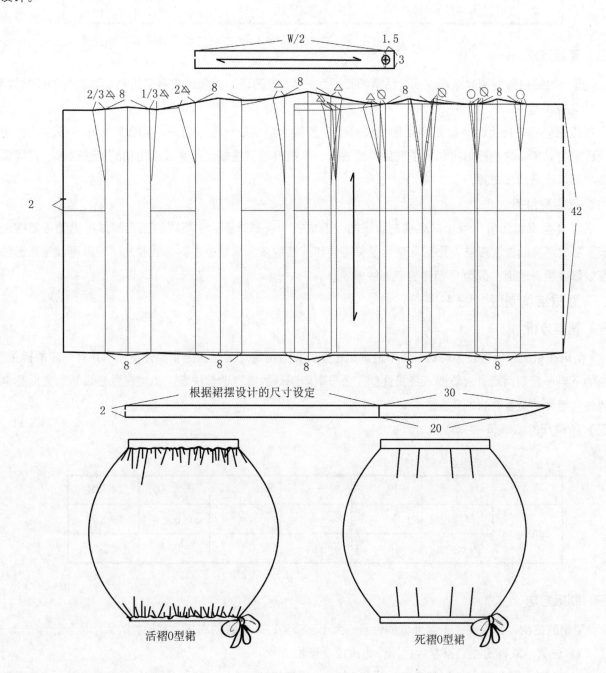

图4-1-7 O型裙结构制版

（二）所需尺寸（表4-1-4）

表4-1-4 O型裙制版所需尺寸   单位：cm

号型	部位名称	臀围(H)	腰围（W）	臀长（HL）	裙长（L）	腰头宽
160/66A	人体净尺寸	94	66	18	50	3.5
	成衣尺寸	134	68	18	50	3.5

（三）制版方法

O型裙的结构造型按其施褶形式有活褶和死褶之分，其造型通过大量的折量来达到整体裙装的蓬起效果。

1. 活褶O型裙

在裙原形的基础上，将腰围和裙摆线按有褶O型裙的结构设计要求打开，褶量的大小、多少、长短根据设计需要确定，这些褶量里包含了前后片的省量。将裙腰与下摆多余的量以自由褶的形式收起。若需要，裙身中部可适当添加裙撑。

2. 死褶O型裙

活褶O型裙和死褶O型裙的结构制版相同，但成衣外观形态不同，不同的工艺制作将裙腰与裙摆余量收起，形成迥异的外观形态。死褶O型裙是将裙腰和下摆的多余量以省道的形式收起，省道可以是隐形的，也可以露在裙身表面，成为O型裙的装饰线条。

五、T型裙结构制版（图4-1-8）

（一）裙型分析

T型裙在裙装设计中较为特殊，并不是常见裙型，其结构特点为裙身上半部分宽松，并有一定的挺括度，裙身的下半部分则为紧身合体的紧身裙造型，由于下半部分的紧身造型决定了裙型需要衩口帮助完成裙身的功能性，整体造型呈夸张的T型。

（二）所需尺寸（表4-1-5）

表4-1-5 T型裙制版所需尺寸   单位：cm

号型	部位名称	臀围(H)	腰围（W）	臀长（HL）	裙长（L）	腰头宽
160/66A	人体净尺寸	94	66	18	60	3
	成衣尺寸	134	68	18	60	3

（三）制版方法

T型裙的结构设计主要是T型部位的位置、大小、造型。即位置的高低、宽松量的大小以及造型的形式。

（1）位置。取臀围线（推荐数据）作为放松T型位。

（2）造型。以T型位，向侧缝线处放量10cm，与腰围胖势1cm划顺；臀围线处下降15cm，与裙型臀围胖势1cm连接；下摆处收2cm，使裙摆略收，增强裙型的T型效果；同时取衩口，增加裙装的活动量。

（3）后裙片的制版方式同前片，在此不再赘述。重新修正纸样，并将裙衩口确定于侧缝线处，由此T型裙制版完成。

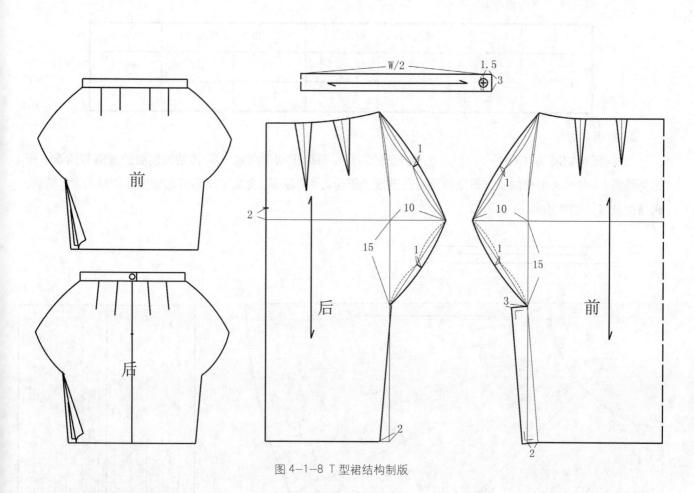

图 4-1-8 T 型裙结构制版

六、角度裙结构制版

角度裙是指裙腰合体，臀围放松，裙摆因满足角度的需要而扩大，从而形成规则均匀的波浪形裙摆。角度大小不同，决定了裙摆的大小、波浪的多少以及裙身竖向结构线的多少。通常情况下，角度越大，裙摆越大，均匀的波浪造型越多，而结构线越少，反之则裙摆越小，波浪造型越少，结构线增加。如360°裙则没有竖向结构线。当然，也可以根据裙型设计的需要添加不同数量、形态的竖向装饰线，但这些裙身上的线条与角度裙的结构设计无关。

按角度分，角度裙主要有 90°、180° 和 360° 裙三种形式。制版方式有纸样切展法和半径计算法两种形式。纸样切展法是通过将腰围宽与裙长组成的长方形纸样进行剪切，并均匀地将其摆放在设定好的角度上，来完成角度裙的制版，这种制版方式有一定的原理性，易于掌握和理解，但实际操作较为麻烦。半径计算法主要是指采用圆周长的计算方法来计算裙子腰围，后通过半径求出裙摆大小的一种制版方法。常见的角度裙有两片斜裙、四片喇叭裙和太阳裙。

（一）90°裙结构制版

1. 裙型分析

90°裙是根据裙型制版时辅助线所呈的角度。其结构特点为，裙摆最大化，裙省因臀围与腹围尺寸的增加而趋于消失，成衣腰围长度不变，裙片有侧缝线和前后中心线。一般为两片裙或四片裙结构形式。

2. 所需尺寸（表 4-1-6）

表4-1-6 90°裙制版所需尺寸　　　　　　　　　　　　　　　　　　　　　单位：cm

号型	部位名称	臀围(H)	腰围（W）	臀长（HL）	裙长（L）	腰头宽
160/66A	人体净尺寸	94	66	18	60	3
	成衣尺寸	／	68	18	60	3

3.制版方法

（1）纸样切展法（图4-1-9）：这种方法的运用，有助于初学者对90°裙结构制版的理解与认识。把宽为腰围／2和长为裙长的长方形纸样竖直分割成若干份，分割越多，变化中所形成的腰围曲线越圆顺、精确、裙摆的波浪造型越均匀。

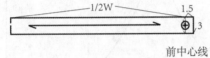

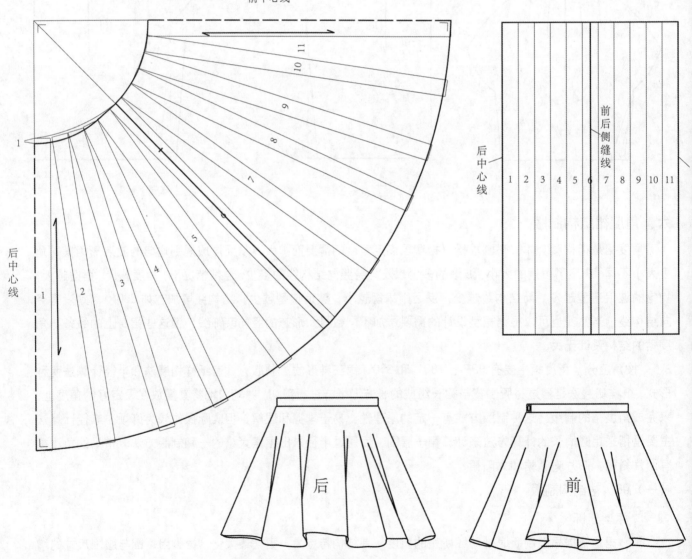

图4-1-9 90°裙切展法结构制版

①画90°角，左侧直角竖线为裙的后中心线，上横线为裙前中心线，引出90°角的角平分线为侧缝线（此处为纸样的1/2）。

②将剪开的纸样从后中心线开始，要求前后中心线、侧缝线处至90°角顶点尺寸相等，腰位处纸样无间隙，仍然是成衣腰围尺寸66cm。

③将剪开的纸样按要求放至90°夹角内，裙摆自然均匀展开。

④将后中心线下降1～1.5cm，修顺腰围线，与前后中心线、侧缝线呈直角。确定裙长90°裙的纸样切展法，制版完成。

⑤确定前后中心线、侧缝线的裙长，用曲线连接各裙长点，前后中心线、侧缝线与裙摆线呈直角。

（2）半径计算法（图4-1-10）：这是一种利用求圆弧的半径数学公式来完成的制版方法，这种制版方法对前后侧缝线、侧缝线至90°角顶点尺寸更规范和准确。

①确定腰围半径求裙腰围线的弧长和弧度。圆半径=周长/2π，2π为定量，那么"90°"裙腰弧线长的半径即为腰围/2π=腰围/6.28，以此公式所得到的半径作圆，并交与圆心作十字线，该线所分割的圆弧/4即"90°"裙的腰线/4。

②确定裙长。以中心点为基点，至裙长为半径画圆，为裙摆造型。

③前后中心线与侧缝线分别与裙摆垂直，并曲线划顺。

④后中心线根据人体造型下降0.5～1.5cm，取得裙摆成型后的水平状态。

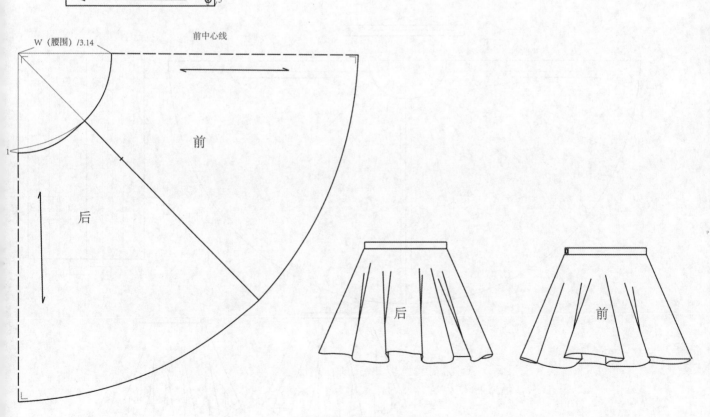

图4-1-10 90°裙计算法结构制版

（二）180°裙结构制版

1．裙型分析

180°裙是根据裙型制版时辅助线所呈的角度，制版方法与"90°"裙相同，是常见的两片裙、四片裙和六片裙结构形态。

2．所需尺寸（表4-1-7）

单位：cm

表4-1-7 180°裙制版所需尺寸

号型	部位名称	臀围(H)	腰围（W）	臀长（HL）	裙长（L）	腰头宽
160/66A	人体净尺寸	94	66	18	60	3
	成衣尺寸	／	68	18	60	3

3．制版方法

制版方法与90°裙相同。方式上有纸样切展法（图4-1-11）和尺寸计算法（图4-1-12）两种。

（1）180°裙纸样切展法同于90°纸样剪切法。

（2）180°裙计算法。

①腰围长度：以W/3为半径画圆，180°的半圆，长度为180°裙的腰围/2。

②裙长：取所需裙长，并以中心点为基点作裙长的圆弧，交于180°的直线上，为裙摆弧线，前后中心线、侧缝线与裙摆线呈直角。

③后中心线：后中心线。后中心线下降1～1.5cm。

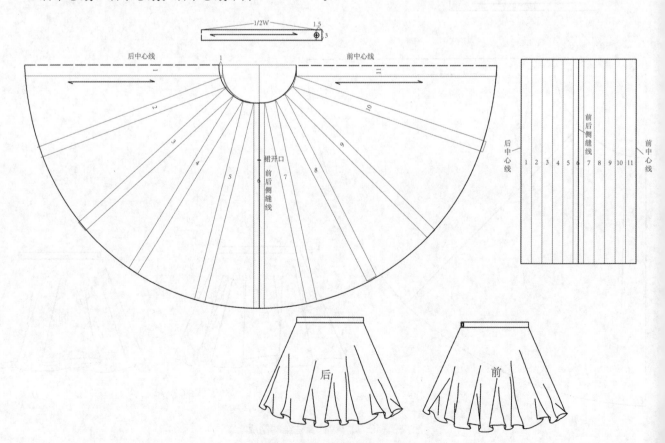

图4-1-11 180°裙切展法结构制版

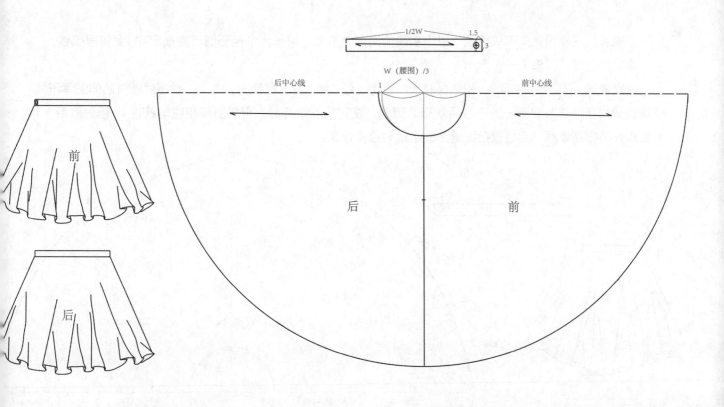

图 4-1-12 180° 裙计算法结构制版

（三）360° 裙的结构设计与纸样绘制方法（图 4-1-13）

1. 裙型分析

360° 裙又称整圆裙，是一种特殊裙型，它既无侧缝线，又无前后中心线。裙型设计主要在裙摆边缘的造型，下摆或圆或不规则，当然也可根据设计要求进行装饰线的剪切造成多片裙的效果。

2. 所需尺寸（表 4-1-8）

表 4-1-8 360° 裙制版所需尺寸   单位：cm

号型	部位名称	臀围(H)	腰围（W）	臀长（HL）	裙长（L）	腰头宽
160/66A	人体净尺寸	94	66	18	50	3.5
	成衣尺寸	／	68	18	50	3.5

3. 制版方法

取正方形或圆形面料一块，在面料的中间取腰围长度的圆圈，根据设计确定后中心线的位置，同时将其下降 0.5 ~ 1.5cm，满足裙摆成型后的水平状态。由于下摆造型不同，所产生的裙型效果也不同。

（1）360° 裙纸样切展法与 90° 裙相同，在此不再赘述。

（2）360° 裙半径计算法。

① 360° 裙的腰围。画十字线，以十字线的交点为基点作 W/6 长度为半径画圆，此圆为 360° 裙的腰围长度。

②裙长：从腰围处向下取裙长，以十字线的交点为基点，裙长为半径画圆，完成360°裙裙摆弧线。

③后中心线：下降 1～1.5cm。

注意事项：180°裙和360°裙裙摆较大，包含了经、纬、斜三种纱向，由于三种不同纱向的伸缩率不同，极易造成裙摆局部长短不一的不水平状态。因此，在做此类裙装时，需将面料相应地悬垂 10 小时以后，再沿最短处将裙摆修顺，完成裙摆视觉上的平滑与整齐效果。

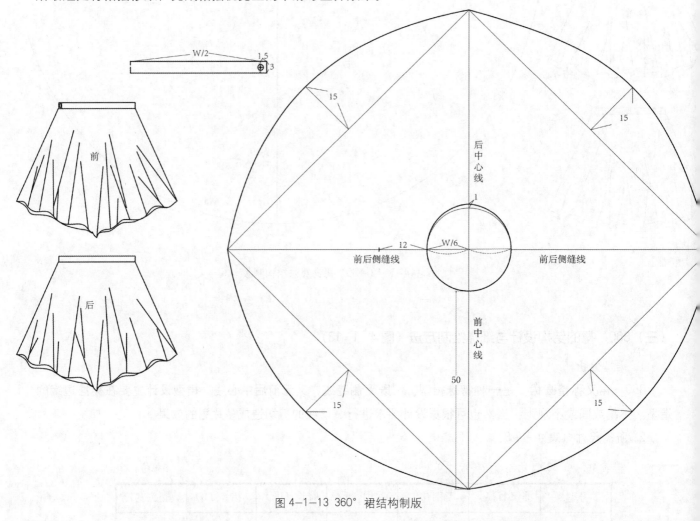

图 4-1-13 360°裙结构制版

第二节 点、线、面、体在裙身中的结构设计原理与方法

点、线、面、体是服装的四大造型要素，它以不同的形式语言表达着各自的结构特征，在排列组合中产生各异的服装造型，被称为服装造型设计的基本结构设计要素。裙身作为裙款中的主体，是创新性结构设计的重点，同时也是点、线、面、体主要体现的部位。但裙款中的点、线、面、体异于数学概念中的点、线、面、体，数学中的点、线、面、体是抽象的、理性的，而裙款中的点、线、面、体是具象的、立体的，它不仅有大小、厚薄、宽窄、长短之分，还有色彩、质感、造型等方面的差别，本章从服装结构制版的角度，讲解裙身点、线、面、体在裙身中的结构设计制版原理与方法。

一、点在裙身上的表现形式与结构设计

裙身结构设计中的点不同于一般意义上的无方向，它存在于三维空间中，具有大小、多少、形状、色彩、质感等结构特征。从形态上分析，点可以分为具象点和抽象点。具象点是以点的造型特征体现其形式语言，这种点的形式可以是平面的也可以是立体的，如纽扣；抽象点在外部造型上也许并非实际的圆点，属于意义上点的形式，如在裙身结构中的面料二次处理所形成的抽象点。

具象点和抽象点在一定程度上是裙型设计的一部分，服务于整体的裙装造型，无论是具象点还是抽象点，在某种程度上具有一定的装饰性作用，作为服装零部件的具象点纽扣，对服装结构起到功能性辅助作用，不具备实际的制版要求；而抽象点中的蝴蝶结、镂空、切割等，是面料二次设计的范畴，也是独立制作完成的创新性设计点，不属于裙装整体结构制版的重点。因此，本节将着重分析点的设计规则与技巧。

（一）具象点

裙身结构设计中的具象点多以纽扣的形式出现，具象点可依据装饰性点和功能性点来设置。装饰性点的设计可根据形式美法则来确定点的审美性，它主要采用位置的变更、量的多少、造型的不同进行设计；功能性具象点的设计与装饰点所采用设计方法相同，但在位置的设计上要求更为严谨，其主要在裙身的开门位置，起到固定开口门的功能性作用。

（二）抽象点

抽象点在裙身中的结构设计并非以具体点的形式出现，如局部蝴蝶结、镂空、抽丝、褶皱等面料二次设计，属于服装局部面料改造的范畴，在裙装结构设计中不作为重点讲解。

二、线在裙身上的表现形式与结构设计

在服装结构中，线的意义不同于几何中线的定义，几何学上的线是点移动留下的轨迹，它有长度、方向、位置的变化。而服装设计中的线是三维空间意义中的线，它不但具有长度、方向、位置的变化，而且还拥有宽度、厚度、面积、质感、色彩、造型上的变化，是三维意义上的立体的线。在裙身结构设计中，线通过组合、穿插等形式的运用，使其具有了生命与活力，为裙装结构打开了广阔的设计空间。结构中的线的表现形式主要分结构线和装饰线两大类。

（一）结构线

结构线即功能性线，是以人体形体特征为依据，体现人体造型的线，同时还具有满足人体活动量的功能。因此结构线是以服装的功能性为前提，具备装饰性和目的性的造型线。

结构线按其形式可分为横向结构线、竖向结构线和斜向结构线三种形式。横向结构线多以省尖结束点为设计基点进行各种形式的结构造型设计；竖向结构线制版方式与横向结构线相同，只是在位置上由原来的横向转为竖向；斜向结构线则体现在线段的方向上。无论是横向、竖向还是斜向结构线，其结构设计的原则，以整体裙装余缺处理在横向、竖向、斜向的分割，从而达到结构上的统一与协调。

1. 横向结构线

横线以腹围和臀围为基点向不同方向伸展，其既具有装饰性又有功能性，或长或短。

（1）不同位置的横向结构线（图4-2-1）：横向结构线以前后省尖的结束点为基点，在前后侧缝线上确定任意点为横向结构线的位置，并将两点连接，同时将腰省转移其中。也可在前、后中心线上确定横向结构线的位置，并与臀围与腹围的凸点相连接，将腰省转移其中，形成别致的裙身结构造型。

（2）不同长度的横向结构线（图4-2-2）：横向结构线的长度变化无确切规定，可短至为零，以活褶

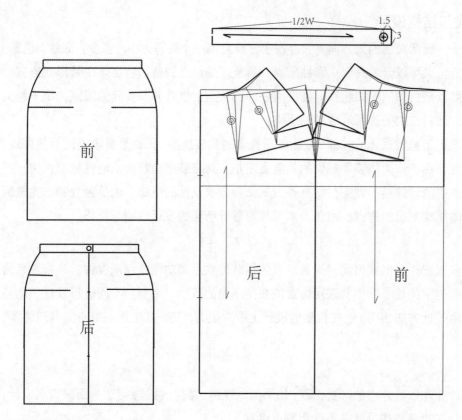

图 4-2-1 横向结构线的位置变化

的形式出现，长度可超
过前后裙片的省尖凸点，
也可最长贯穿整个裙身，
形成育克的形式。

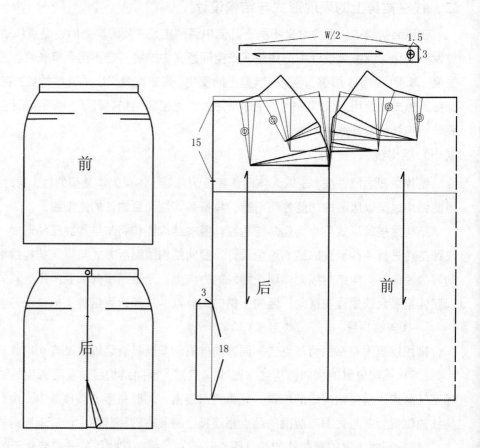

图 4-2-2 横向结构线的长短变化

（3）不同造型的横向结构线（图4-2-3）。横向结构线的造型在不造成工艺上的难度的情况下，其形式各异，或曲或直，或对称或不对称等多种形式变化。

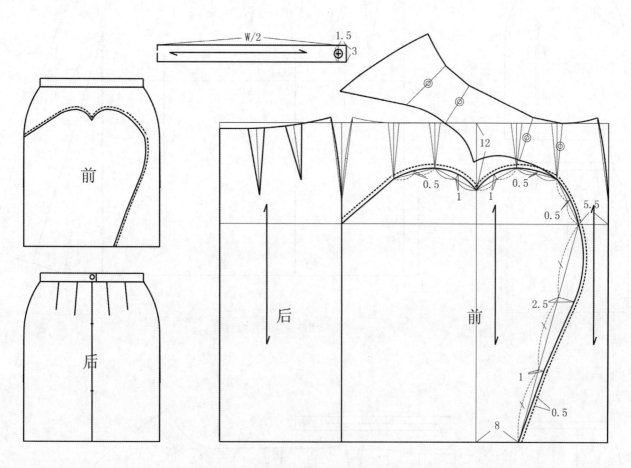

图4-2-3 横向结构线的造型变化

2．竖向结构线

以腹围和臀围的凸起和腰围凹势为结构设计依据，体现人体造型为目的。竖向结构线有位置、长短、数量、造型的变化。

（1）不同位置的竖向结构线（图4-2-4）：竖向结构线的位置变化不仅仅局限于裙腰上不同位置的移动和变化，它可以以裙摆的某个点作为基点进行竖向结构设计，但其长度必须经过前后裙片省尖的凸点。

（2）不同长度的竖向结构线（图4-2-5）：竖向结构线的长度并没有确切的限制，短至为零时，其结构线的特征消失，被称为活褶。最长可贯穿整个裙身。

（3）多数量的竖向结构线（图4-2-6）：竖向结构线的多少，取决于设计的要求，可将省全部转移至竖向线中，也可部分转移，部分不转移。如果将省量均分成若干份，可将这些省量转移至竖向结构线中，从而增加竖向结构线的数量。

（4）不同造型的竖向结构线（图4-2-7）。不同造形的竖向结构线为裙身结构设计增添了不少的活力，其形式多以不规则的线条为主。在结构设计的过程中要注意工艺制作的难易程度。

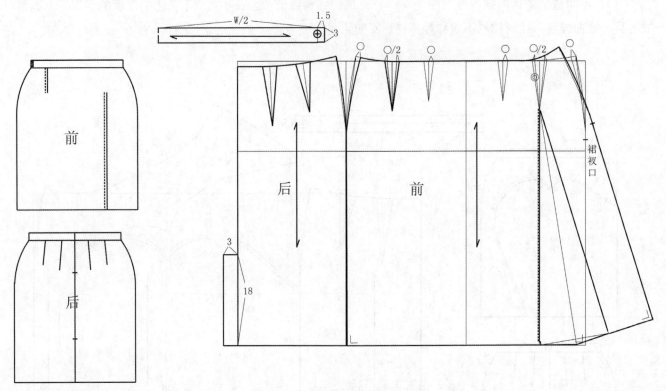

图 4-2-4 不同位置的竖向结构线制版

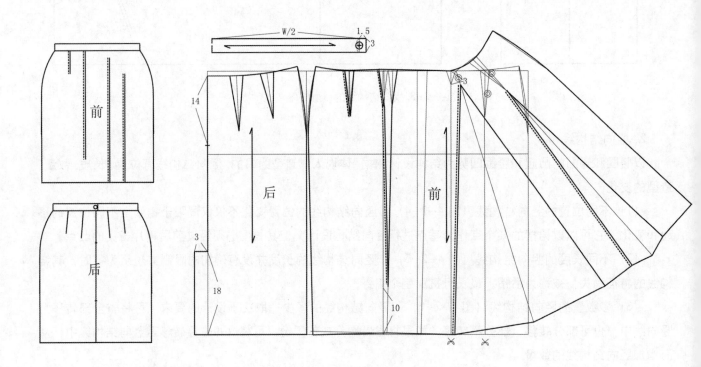

图 4-2-5 不同长度的竖向结构线制版

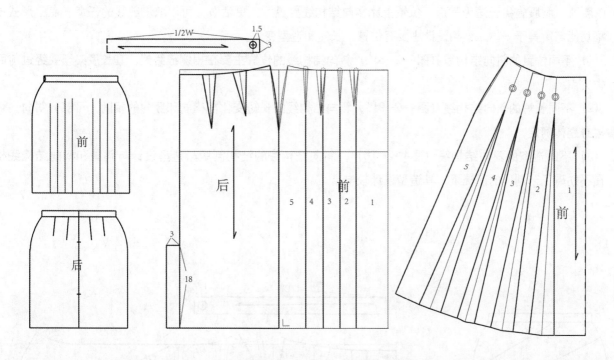

图 4-2-6　竖向结构线的数量变化

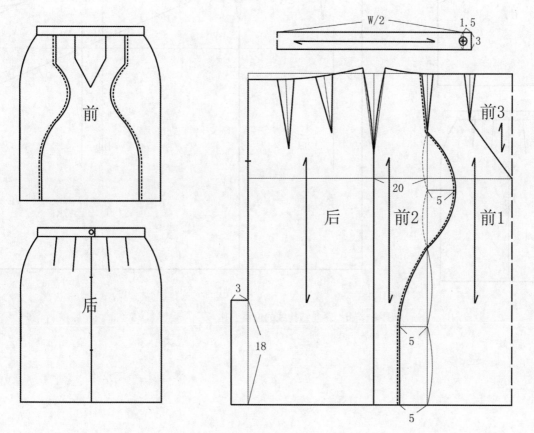

图 4-2-7　竖向结构线的造型变化

3.斜向结构线。

以腰臀、腰腹省尖长短为基点，位置上比横向结构线更灵活，更活泼，可以取侧缝线的任意一点，形式多样，集功能与审美于一体。结构设计主要有位置、长短和造型变化。

（1）不同位置的斜向结构线（图4-2-8）。斜向结构线的位置主要在裙侧缝线处，其长度必须要经过前后裙片省尖点。

（2）不同长短的斜向结构线（图4-2-9）。斜向结构线的长短变化与横向和竖向的相同，可部分斜向，可观察裙身整体确定。

（3）不同造型的斜向结构线（图4-2-10）。斜向结构线的结构制版与造型设计与斜向和横向结构线相同，在不妨碍工艺制作的前提下，其造型设计较丰富。

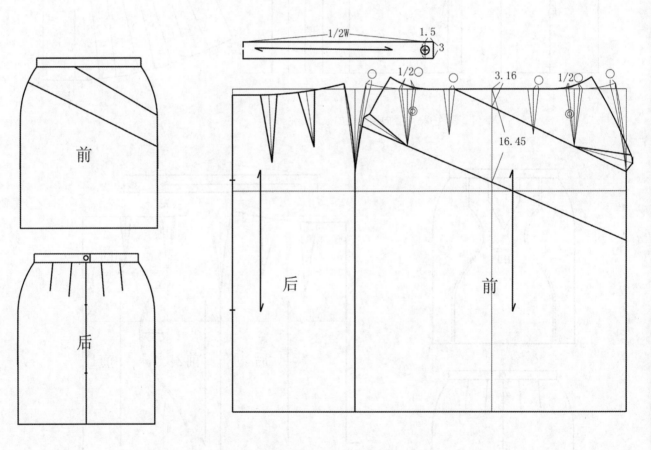

图4-2-8　斜向结构线的位置变化

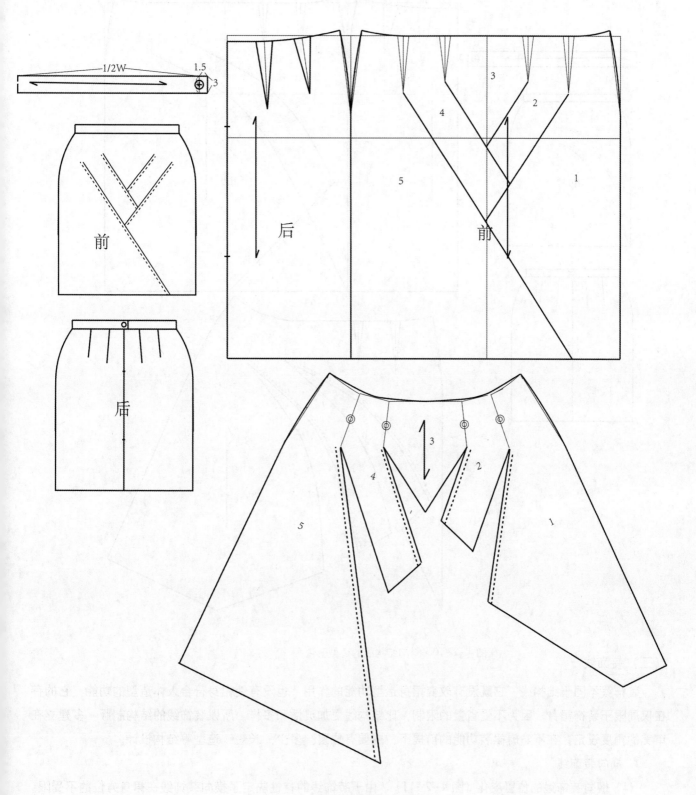

图 4-2-9　斜向结构线的长短变化

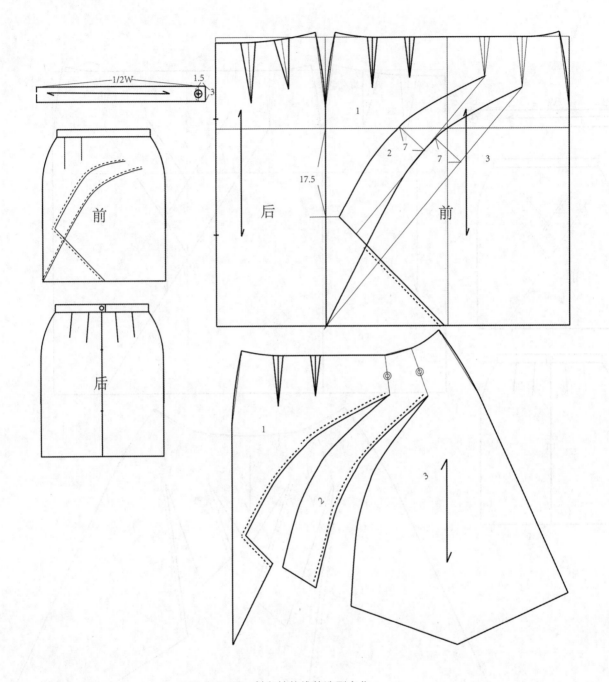

图4-2-10 斜向结构线的造型变化

（二）装饰线

装饰线不同于结构线，它既没有改变裙身造型功能的作用，也没有使裙身符合人体造型的功能，它的存在仅局限于装饰裙身。因为不受省量的限制，比结构线更加灵活和多样，所以装饰线的结构制版，多建立在审美的角度设定。在不妨碍裙装功能的前提下，主要有位置、多少、长短、造型等结构设计。

1. 横向装饰线

（1）横向装饰线的位置变化（图4-2-11）。由于装饰线的特性决定了横向装饰线在裙身方位的不受限。因此可抛开体现人体凸点的臀围和腹围，也完全忽略腰围的凹势，因此，横向装饰线的位置选择较随意。如裙身的前后侧缝线、前后中心线的任意一个点都可以作为横向装饰线的起点位置。

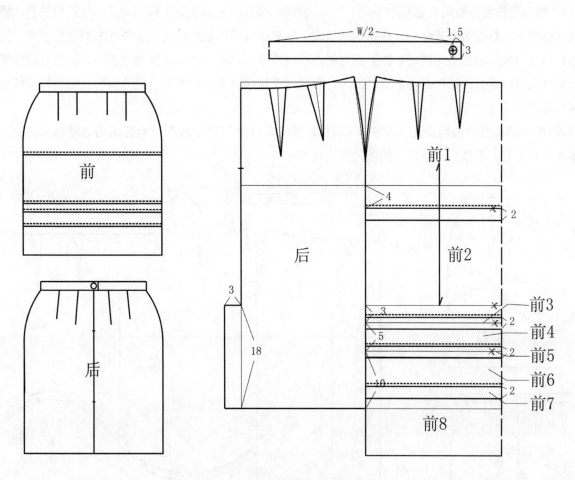

图 4-2-11 横向装饰线位置变化

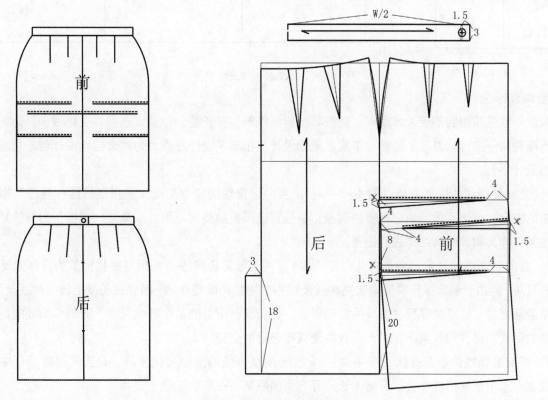

图 4-2-12 横向装饰线长短变化

（2）横向装饰线的长短变化（图4-2-12）。横向装饰线的长短变化无确切规定，长可横贯整个裙身，短可以活褶的形式体现横向装饰线。在结构制版时，如果横向装饰线的结构设计不能贯穿整个裙身，则要注意横线装饰线结束点的位置，同时以结束点为基点将纸样竖向剪开，并以省量的形式打开，打开的量要尽量小，以免造成横向装饰线结束点不必要的凸起。若横向装饰线贯穿整个裙身，则直接将此线段打开留出拼接线的缝份即可。

（3）横向装饰线的造型变化（图4-2-13）。横向装饰线的造型因不受裙身结构的限制，其变化更是多种多样，有直线、曲线、直曲结合的线段等结构变化。

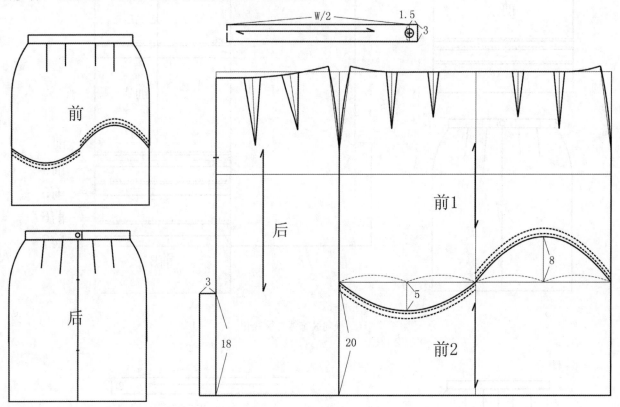

图4-2-13 横向装饰线造型变化

2．竖向装饰线

竖向装饰线的运用因不受人体腰围、臀围等结构的限制，其长短、位置、造型等变化很多，为裙装的款式设计逐渐趋向于多元化奠定了基础，丰富了裙款设计，拓展了设计思维，为裙装结构设计创新性发展建立了良好的设计平台。

（1）竖向装饰线的位置变化（图4-2-14）。竖向装饰线的位置变化，是指装饰线在腰围至裙摆处的不同位置的变化，由于不需要消化裙腰的省量，其位置选择更加灵活。可以以裙腰、裙摆、裙身的某个点作为装饰线基点作为裙装竖向结构线的位置。

（2）竖向装饰线的长短、多少变化（图4-2-15）。竖向装饰线的长短可根据裙款的具体设计而定，长度可长可短，但由于装饰线不需要消化结构线所担负的裙款功能性作用，因此在长度上较结构线灵活多变，长可从裙腰至裙摆，短可为零尺寸，成为活褶形式。若长度在裙身的某个部位结束，竖向装饰线的制版多以模拟省量的形式出现，但省量不宜过大，以免造成不必要的凸起。

（3）竖向装饰线的造型变化（图4-2-16）。竖向装饰线的造型变化多样，是当代裙款设计中必不可少的方法之一，由于其不受位置、方向、长短等方面的限制而在形态上趋于灵活。

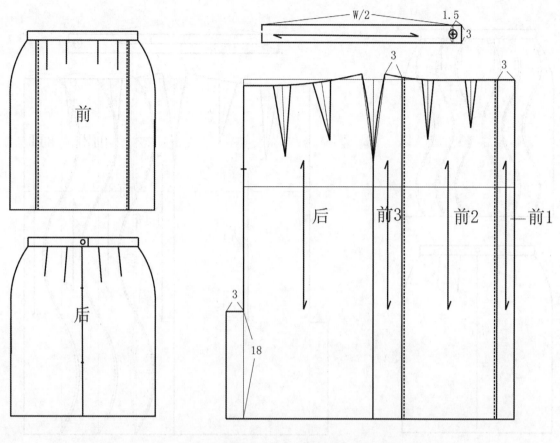

图 4-2-14 竖向装饰线位置变化

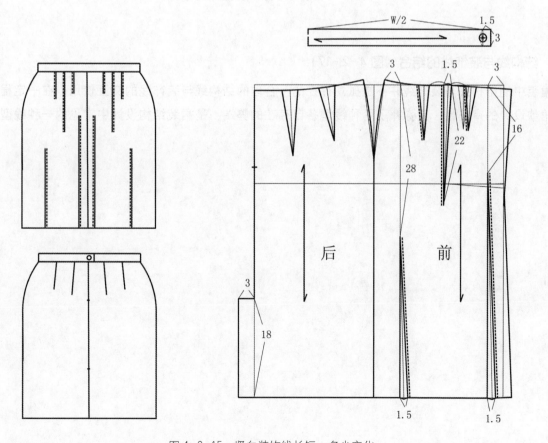

图 4-2-15 竖向装饰线长短、多少变化

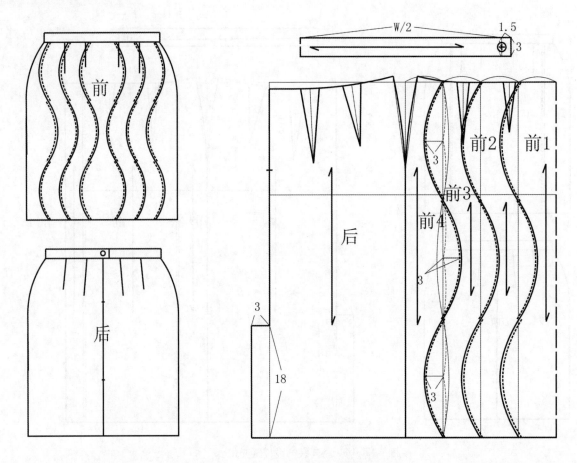

图 4-2-16　竖向装饰线造型变化制版

（三）结构线与装饰线的结合（图 4-2-17）

　　裙装中的结构线与装饰线并不是孤立存在的，合理的结构线与装饰线的交互使用，在一定程度上既满足了裙款设计的审美性，又弥补了两种线型各自存在的弊端，是裙装结构设计中常见的一种线型结构设计制版。

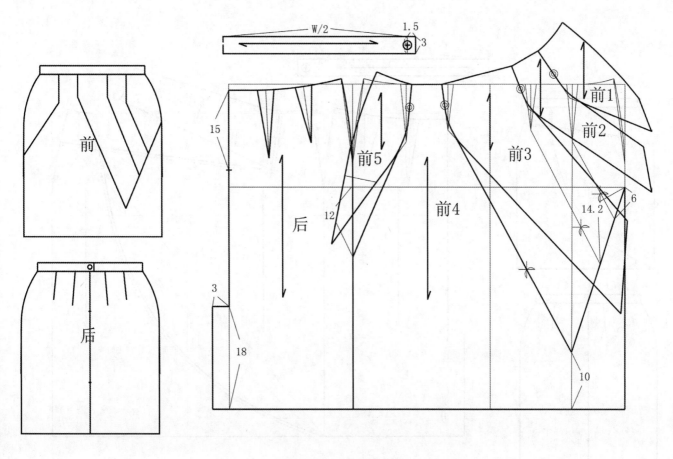

图 4-2-17　结构线与装饰线相结合的结构制版

三、面在裙身上的表现形式与结构设计

面是通过线的围绕形成的具有一定面积的造型，与点、线相比，面大于点宽于线，在视觉上更直观且更具冲击力。裙装就是由不同大小、形状相异的裁片组成，这些裁片都是一个个独立的面，裙装由这些面的拼接缝合组成符合人体造型的裙装。服装设计中的面，有大小、形态、位置、厚度、色彩、质感等特性，而裙装结构设计只涉及面的大小、造型、位置等因素。不同面的结构制版，决定了裙款的功能性和审美性，是裙款整体形态的基础。

（一）面的大小变化（图 4-2-18）

裙款的结构设计是将面料根据不同的款式，制出符合人体形态特征的大小不同的面，再通过工艺制作的手法将这些形态各异的面拼接缝合成立体的裙款造型。裙款中面的大小尺度，可根据裙款的具体要求确定，如左右没有侧缝线的桶装型裙款，它通过特殊的面料加工使面料成桶装造型，从而形成了裙装中最大的面；再如只有一条拼接线的裙装等。裙款结构设计中，当面小到一定限度的时候，性质发生根本性的变化，其形态也由原来的面向点过渡。

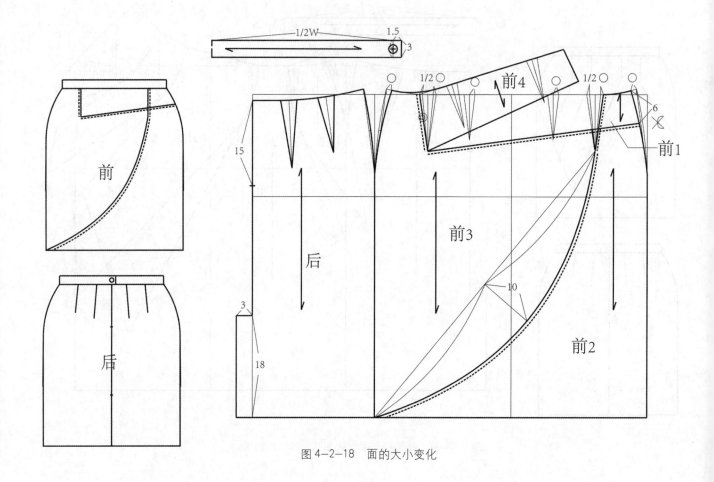

图4-2-18　面的大小变化

（二）面的造型变化

面的造型变化是由围绕在它周围的线决定的，一般情况下可分为直面和曲面。

1. 直面的造型变化（图4-2-19）

在裙装结构设计中直面是一种常见的艺术形态，它通过不同直线的转折交错，创造出不同造型的面的艺术形态，如正方形、长方形、菱形、不对称的造型等。

2. 曲面的造型变化（图4-2-20）

裙款中的曲面造型变化并不多见，其形态的独特性，成为创意性裙装结构设计点之一。侧缝线的弧线造型改变了传统裙装的中规中矩，也为另类裙型的产生创造了条件。虽然裙装中曲面形态为裙装结构设计增添了灵动与活泼，但也为裙款的工艺制作带来不小的挑战。

3. 直、曲结合的造型变化（图4-2-21）

直、曲面的结合在裙款中最为常见，从形态上可分为两种情况，一种为一个独立的面拥有直、曲两种边缘线；另一种为直面与曲面两种不同形式的面共存于同一个裙款中，一般情况下曲面多以折量的形式与直面相拼合。

裙装以不同形式的造型出现在裙装中，在装饰线和结构线的共同合作下完成面的各种形态。

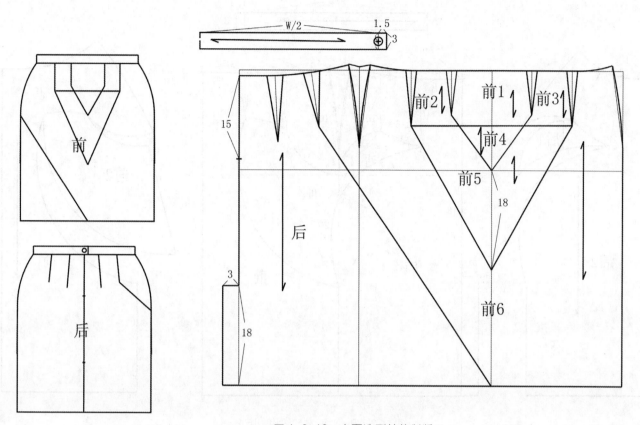

图 4-2-19 直面造型结构制版

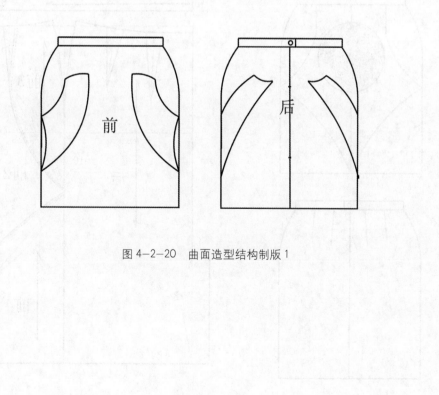

图 4-2-20 曲面造型结构制版 1

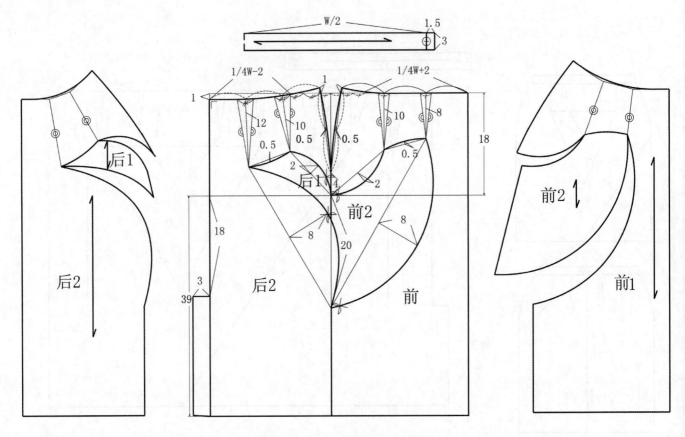

图 4-2-20　曲面造型结构制版 2

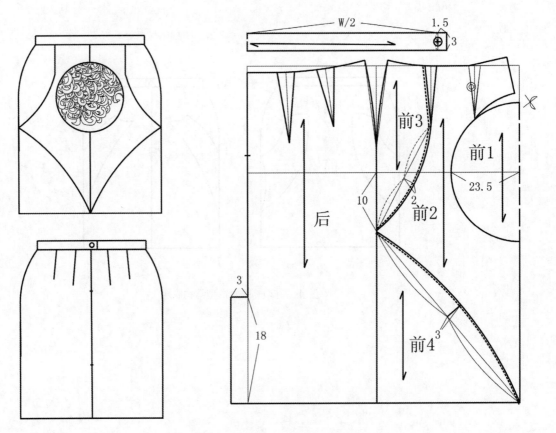

图 4-2-21　直曲结合造型结构制版

四、体在裙身上的表现形式与结构设计

裙装结构设计中的体是指裙装局部有明显的凹凸感的造型特征，在设计中体的表现手法多种多样，面料的褶皱、裁片的重叠、装饰物的添加以及立体口袋的运用等。面料的褶皱一般多需要立体裁剪来实现，装饰物的添加多通过成衣后处理的设计手法。裁片的叠加是裙装平面结构制版体现裙装中体的重要手段，裁片的叠加通常以褶裥的形式体现裙款体的造型，其在一定程度上可较好地弥补平面裙款造型的呆板与生硬。

（一）褶

褶是裙装结构设计中常见的一种体的结构造型，它是裙装中省与断缝处理的另一种形式，因此它具有结构线的功能与特征，但由于采用部分缝合，部分不缝合的工艺手法而造就了其在外观上体的造型，而且不缝合的部分在一定程度上增加了人体的活动量，使裙装一定程度上提高了人体的运动性，蓬松的立体造型也是设计师美化裙装的重要手段，因此装饰性能显而易见。根据结构制版和工艺制作，褶的形式主要分两大类：一是自由褶、二是规律褶。

1. 自由褶

自由褶有随性、自然、活泼的特点，但造型有一定的不可控性，不恰当的自由褶的运用，易产生不合尺寸的膨胀感，夸大人体的缺陷，根据造型自由褶又分为波浪褶与缩褶两种形式。

（1）波浪褶（图 4-2-22）

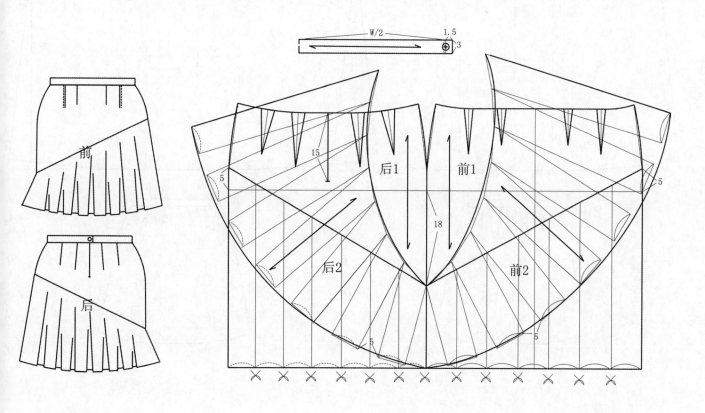

图 4-2-22 波浪褶结构制版

波浪褶的形成与面料的收缩无关，其形成原因是由于裙装结构处理加大了裙摆的宽度，而产生均匀的波浪造型，波浪褶的大小受裙摆的大小影响，而裙摆的大小则由裙款不同的结构制版造成，如片裙、太阳裙等。波浪裙在结构制版过程中如果处理不当会造成波浪褶的不均匀。

（2）缩褶（图4-2-23）

缩褶的变化丰富多样，因此应用范围较为广泛，它既隐含裙装中的省量，又有波浪褶的某些特点，但在结构制版中却与波浪褶大相径庭，波浪褶多以加大摆线的弧线长度来完成裙装波浪的大小，而相对应的一边长度不变。缩褶却恰恰相反，裙摆的长度可加大也可不加，但与之相对应的结构线却要增加长度，褶量的多少决定对应结构线的长短。

在裙装结构设计中波浪褶与缩褶的表现形式多种多样，有长短、位置、大小之分。如在裙摆、裙身、侧缝线、前门襟等等。

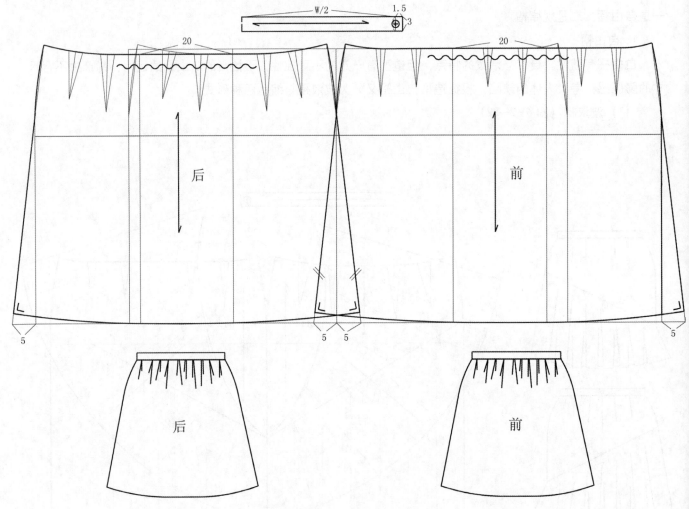

图 4-2-23　缩褶结构制版

2. 规律褶

规律褶有庄重、内敛、大方的造型特点，造型上有一定的规律可循，结构与工艺上有一定的可控性，它主要是通过对裙款面料不同质地、不同造型的折叠、缝纫而产生的。根据裙装的结构设计要求，可以进行有效的调整规律褶的大小、长短、造型、位置等变化。按其折叠的形态可分为工字褶和顺褶两种。

（1）工型褶（图 4-2-24）

工型褶又称工字褶，是指褶量方向相向的褶型，褶量大小根据结构设计来定。一般情况下，隐藏在暗处的褶量不能超过明褶的两倍，以免出现褶量重叠的现象；每一组由两个倒向相向或相反的褶组成，所形成的褶须经熨烫定型，或车缝褶边固定，并自腰围线向下取一定数值（以省量的长度为佳）暗缝固定，暗缝长度可根据裙型的结构要求所需进行设定。这些褶裥里面隐含着腰围与臀围的差量。因此，所产生的裙款造型，

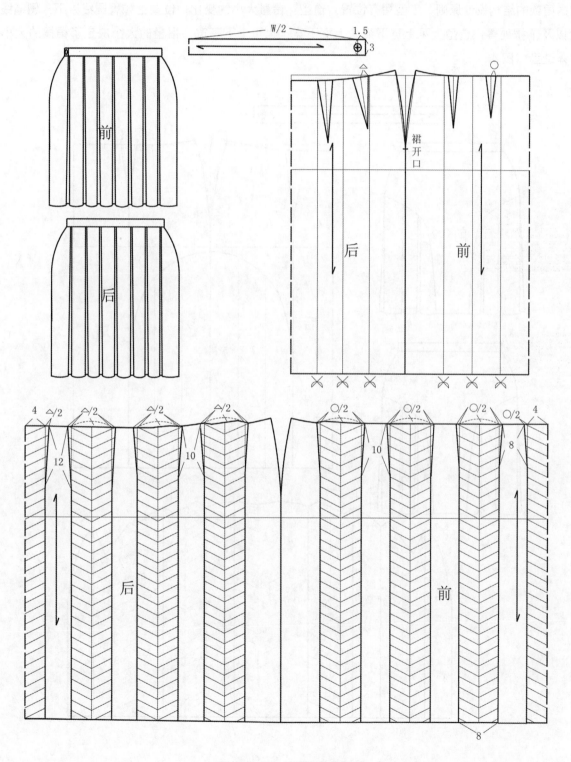

图 4-2-24　工型褶结构制版

臀、腰部虽然有大量的活褶出现，但仍然平整丰满。而臀围线以下没有受暗缝的固定和限制，褶量自上而下自然张开，使整体裙型呈放松的扩裙造型。

　　工型褶制版多在原型裙的基础上进行。①先确定褶量的多少和大小；②在原型裙的基础上，将褶位平均分配在裙身上；③将腰臀差平均分配给工字褶，并根据省长确定工字褶与腰省之间的关系和形态；④确定打开的工字褶量8cm（推荐数据），并准确标注工字褶符号。

　　根据裙款的结构设计原则，工型褶有位置、造型、褶量大小的变化。位置上如臀围线以下、侧缝线处、前门襟以及下摆处等；造型上可上宽下窄、上窄下宽，也可上下等宽，褶量的大小决定了裙摆的大小和裙身的立体造型（图4-2-25）。

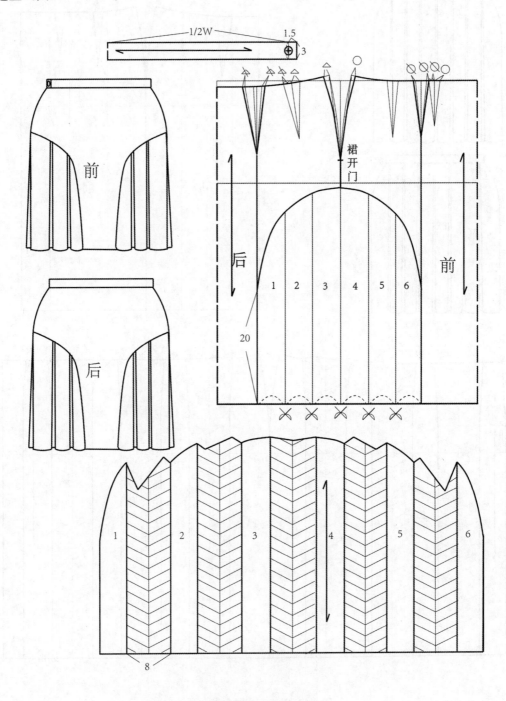

图 4-2-25　工型褶位置变化

（2）顺褶（图4-2-26）

顺褶与缩褶的结构制版原理相同，但褶的倒向不同。顺褶是指褶裥方向一致的褶型，或左或右或以一点为基点相向或相反进行折叠。如果需要腰臀合体，同样将腰臀的差量均匀地分配到褶量中，并在腰头加以固定，或熨烫或不熨烫，或暗缝或不暗缝。

裙款结构设计不是某个线的结果，更不是某个面所决定的，它是众多结构因素共同结合的结果，一个成功的裙装结构设计，不仅具有其基本的功能性，更要紧跟时代的步伐与设计相结合，以迎合现代裙款设计的审美法则，从而达到最理想的裙款结构设计。

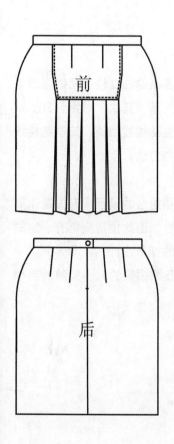

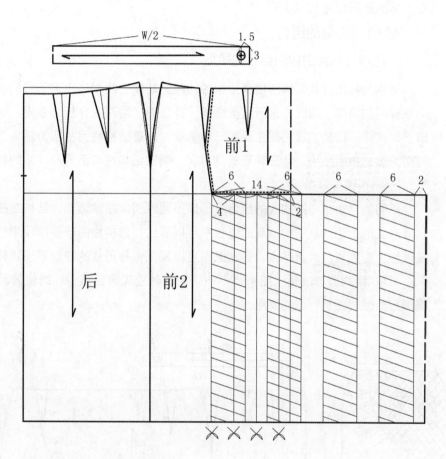

图4-2-26　顺褶结构制版

第三节　线、面、体相结合的裙装结构设计原理与方法

一个成熟的裙款设计表现为裙款结构各个元素的合理衔接与运用，它具有一定的目的性、功能性和审美性，而不是简单的拼凑。通常情况下裙装由裙腰、裙身、裙摆三个主体部件组成，但究其细节则是点、线、面、体的不同组合，主要表现为结构线与褶的组合、装饰线与褶的组合、结构线和装饰线与褶的组合等等。通过分析与研究发现，不同形态组合下的裙型，无论其形态如何创新夸张，其结构制版原理相通，离不开线、面、体的制版原理与方法。

一、结构线与褶的组合

（一）结构线与自由褶相结合的裙型

结构线与褶都具有体现裙款造型的功能，功能上的相似决定了它们在一定程度上的独立性，两者都属于个性鲜明的结构，因此在进行这类结构设计之前，需深入分析。首先，确定主次关系；其次，对组合方式做出正确选择。按其主次关系主要有三种情况：一是结构线为主褶为辅；二是褶为主结构线为辅；三是结构线与褶并重的裙装结构设计三种形式。再次，确定结构线与不同形式褶的组合技巧与方法。

1. 结构线与自由褶结合

不同的自由褶与结构线的组合可形成不同性质的裙款造型，结构线在与自由褶组合的过程中有位置、形状等形式的变化。从结构制版的过程中可以看出，结构线由于要体现裙款的功能性，因此位置变化有一定的局限性，应以省凸点为基点，形状上则可以采用多种形式的表现手法来体现裙款的细节设计。

（1）结构线与缩褶（图4-3-1）。制版时应先确定结构线的位置和造型以及缩褶量的大小，然后再根据确定的款式图进行结构制版。

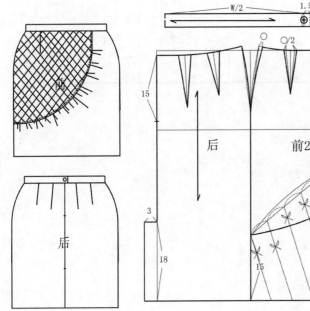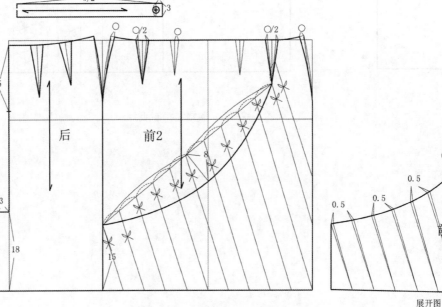

图4-3-1 结构线与缩褶的结构制版

（2）结构线与波浪褶（图4-3-2）：结构线与波浪褶结合时，具体的操作方法同于结构线与缩褶的结构制版，但由于波浪褶所产生的外观造型与缩褶大相径庭而产生别样的款式风格。

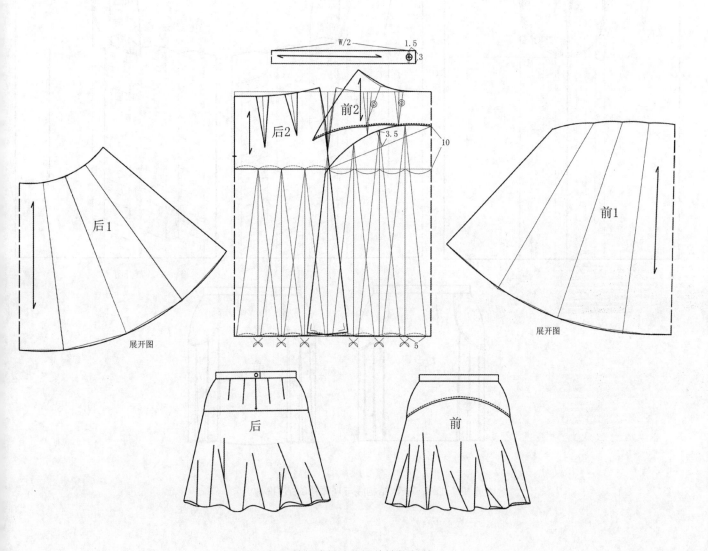

图4-3-2 结构线与波浪褶的结构制版

（二）结构线与规律褶相结合的裙型（图4-3-3）

结构线是体现裙款结构造型的线，它起到增加或减少裙版差量的作用，规律褶虽然没有结构线对裙款结构的直接性表达，但其外观造型却具有隐藏裙装功能的作用。因此，结构线与规律褶在个性上具有很强的独立性，这也就决定了两者之间制版过程中主次选择的重要性。

结构线与不同规律褶结合的制版方法与技巧相同，裙款外观上的不同主要取决于裙款规律褶的造型特点，如结构线与工型褶的结合，结构线与顺褶的结合等。

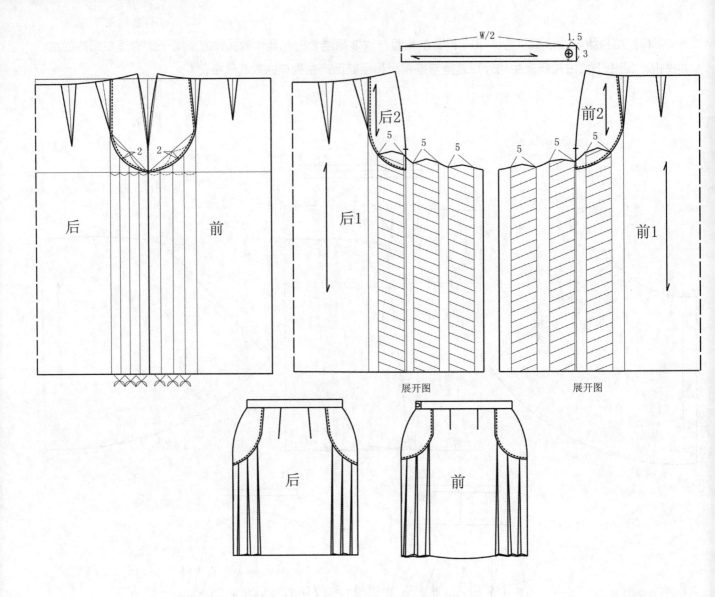

图 4-3-3 结构线与规律褶的结构制版

二、装饰线与褶的组合

　　装饰线与褶组合时，由于装饰线不具备功能性，因此两者在结合的过程中，装饰线的位置不会受裙装结构的影响。结构设计时注意把握好两者之间的主次关系以及位置、造型的审美性即可。

（一）装饰线与自由褶的组合裙

　　装饰线由于不受位置的限制而使裙款在设计上有很大的突破，装饰线可以与自由褶以不同的主次形式来确定所设计的裙装款式造型；自由褶也可与装饰线相脱离，如在成型的自由褶上做装饰线等。

　　（1）装饰线与缩褶（图 4-3-4）。

　　（2）装饰线与自由褶（图 4-3-5）。

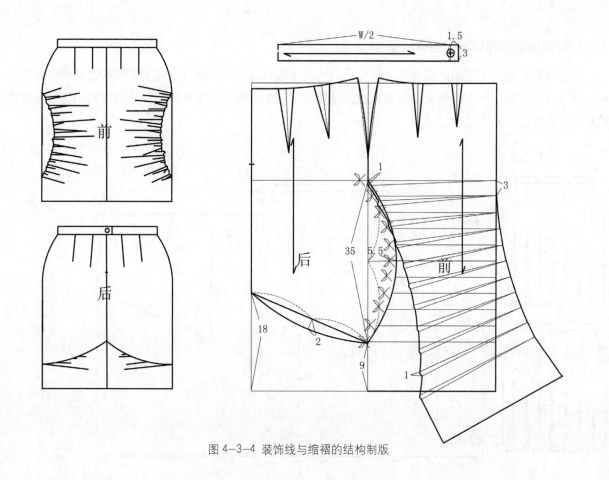

图 4-3-4 装饰线与缩褶的结构制版

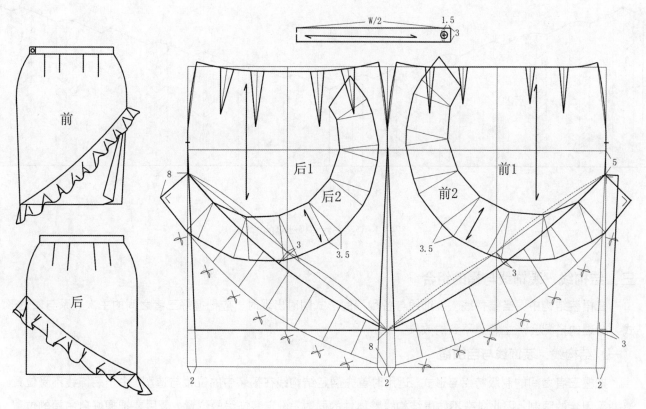

图 4-3-5 装饰线与波浪褶的结构制版

（二）装饰线与规律褶的组合裙（图4-3-6）

　　装饰线与顺褶、工型褶的组合方法是相同的，装饰线位置的不受限性决定了顺褶和工型褶位置的变化加大，顺褶和工型褶中一定程度上隐含着裙款的功能性，因此合理地确定规律褶与装饰线的衔接，会使整体裙款新颖又别致。

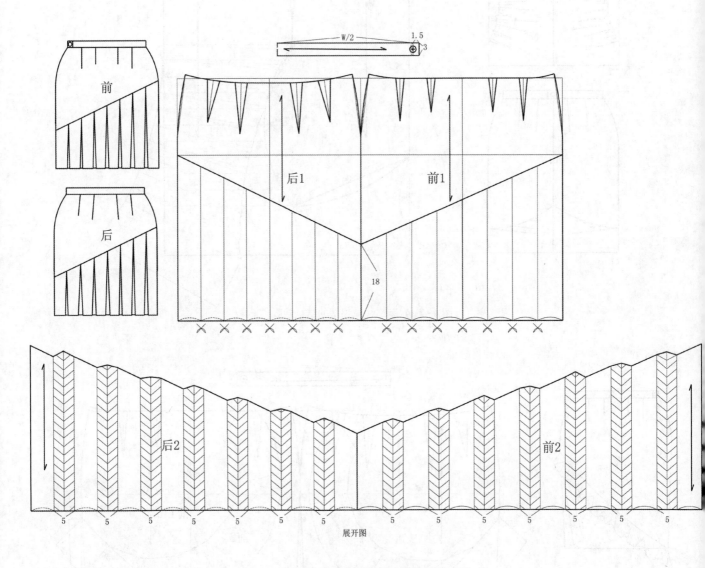

图4-3-6 装饰线与规律褶的结构制版

三、结构线、装饰线与褶的组合

　　在裙装结构中，当结构线、装饰线与各种褶的形式同时出现时，应把握好三者之间的主次关系与表达形式，合理的搭配会产生意想不到的效果。

（一）结构线、装饰线与自由褶

　　把握三者之间的制版特点与形式，运用时首先确定结构线在裙装中的位置与造型，由于装饰线不受位置、造型等因素的限制，因此应在不妨碍结构线整体性的同时，设定装饰线的位置；最后要把握好自由褶的位置、形态、打开量的大小、长短等因素。

（1）结构线、装饰线与缩褶（图 4-3-7）。

（2）结构线、装饰线与波浪褶（图 4-3-8）。

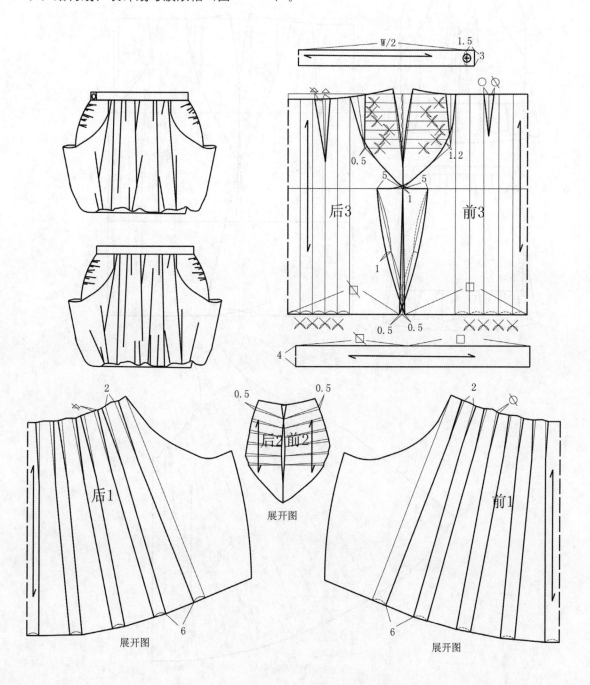

图 4-3-7 结构线、装饰线与缩褶的结构制版

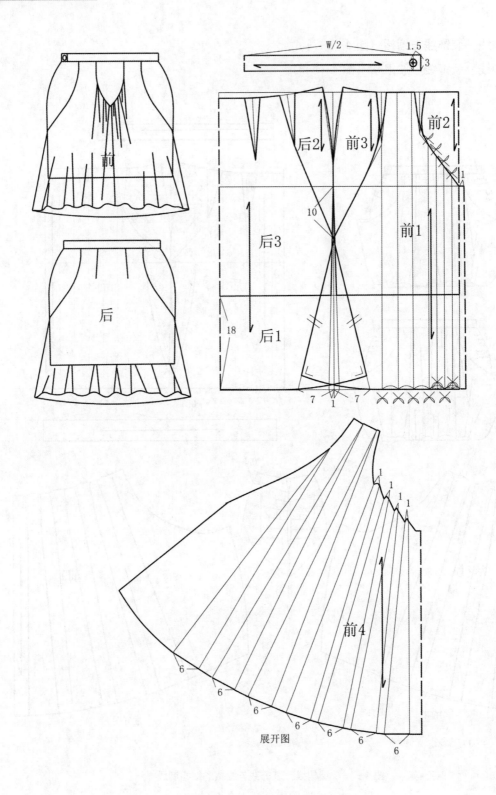

图 4-3-8 结构线、装饰线与波浪褶的结构制版

（二）结构线、装饰线与规律褶（图4-3-9）

制作此类裙装，首先要有一个合理的款式规划，协调三者之间的主次关系，通常情况下多以结构线为主，装饰线为辅，规律褶装饰的整体制版规律。在制版过程中规律褶因褶量大小、折叠的形式不同而使裙装的结构造型千差万别，因此，在运用规律褶时可在同类款式中运用不同的折叠方法，完成结构线、装饰线与规律褶的迥异组合。

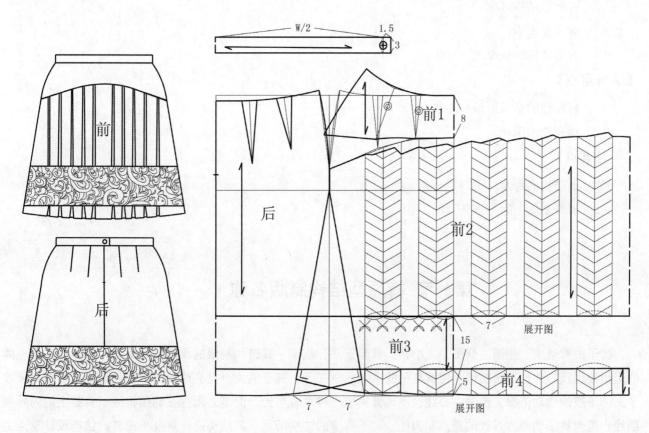

图4-3-9 结构线、装饰线与规律褶的结构制版

【课后练习】

（1）裙装廓型结构制版练习。

（2）线、面、体制版练习。

（3）在不同廓型的裙装上进行点、线、面、体的穿插运用，寻找其最佳的结合形式和方法。同时进行相应的结构制版分析与绘制。

【课后思考】

（1）不同廓型的制版原理与变化规律之间衔接。

（2）点、线、面、体在不同裙款中的运用技巧。

（3）不同形态点、线、面、体的结合与运用。

（4）不同廓型对点、线、面、体的要求。

第五章 裤原型结构设计原理与方法

【学习内容】

（1）裤原型结构名称。

（2）裤专业术语。

（3）裤的结构制版原理与方法。

【学习重点】

（1）裤原型的制版原理与方法。

（2）裤专业术语。

【学习难点】

（1）裤结构名称及作用。

（2）裤原型的制版原理与方法。

第一节 裤原型结构制版名称

　　裤子由裤腰头、腹围、臀围、大小裆、裤腿五部分组成，其结构制版的原理与裙相同。点、线、面、体的运用原理及方法也非常相似。但裤与裙的本质区别在于，裤子的大小裆将两腿分开，从而最大程度地释放了人体下肢的活动范围，前后中心线也不再像裙装一样可有可无，而是必须存在的结构线，裤腿上的内外侧缝线也成为裤子功能性设计的重点。因此，对于裤子的结构而言，其结构设计复杂于裙装。结构设计重点主要有裤子的大小裆、前后中心线、内外侧缝线等。

　　为了裤型结构设计制版应用上的方便，多采用先确定裤子的基本纸样，即原型的制版，然后再以此进行各种裤型的结构设计。在绘制裤子原型前，应先了解裤各种结构线和辅助线的位置、名称、作用以及相关的专业术语，为有条理、有目的地进行裤结构制版打下基础。

一、裤子结构名称及作用（图5-1-1）

（一）横线

　　1.腰围辅助线：取一条线段，长度为人体臀围长度加适当放松量，位于人体的腰部，为腰围线的制图做准备。

　　2.前腰围线：前片成衣腰围长度线，在腰围辅助线的基础上完成，整体造型与人体腰部造型基本吻合。

　　3.后腰围线：后裤片的成衣腰围长度线，由于裤型将两腿分开所产生的小裆与大裆对人体活动有一定的限制，特别是当人体下蹲时，臀沟对裤型后中心线的牵拉作用，决定了裤前后中心线的结构不同，后片中心线的线斜大于前中心线，同时后腰中线高于前腰中线。

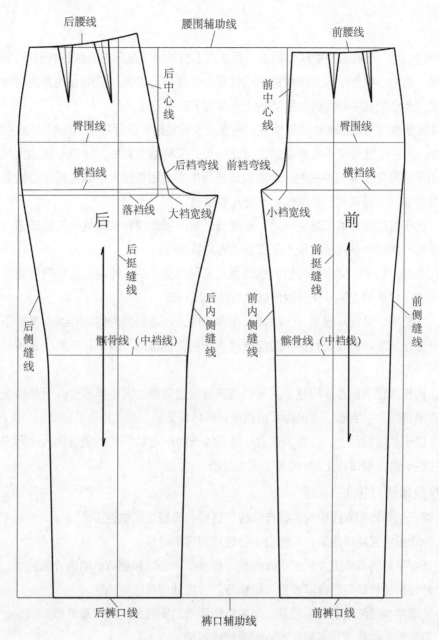

图 5-1-1 裤原型结构名称

4.臀围线：以腰围线为基点向下测量至臀部最丰满处，平行于腰围基础线，又称为臀长线，不同身材，臀高和臀围不同。臀围线的位置决定了臀围松量大小与大小裆宽的比例关系。

5.横裆线：平行于腰围辅助线，以股上长为长度基点，此结构线的位置、大小决定了裤子的功能性和舒适性。

6.落裆线：落裆线是指为完成大裆弧线而做的一条低于前裆弧线，并平行于腰围辅助线的一条辅助线，具有协调前后内侧缝线等长的作用。

7.髌骨线：又称前后中裆线和膝围线，位于人体的膝盖部。此线作为裤型变化的依据线，是裤型变化的主要参照线之一。

8.前后裤口线：以裤长为基准平行于腰围辅助线的水平线，是前后裤口线的结构线。裤口线有位置、宽度和造型等变化，是裤型设计的主要亮点之一。

（二）竖线

1.前中心线辅助线。与腰围辅助线相垂直，垂直交于横裆线，是前中心线结构制版的依据。

2.前中心线。前中心线位于人体腰腹的中心位置，又称前上裆线，前中心线是由门襟劈势线和小裆弯线两部分组成，按照人体造型前中心线略向里倾斜，长度短于后中心线。

3.后中心线辅助线。与腰围辅助线相垂直，垂直交于横裆线，是后中心结构线制版的依据。

4.后中心线。后中心线位于人体臀腰的二分之一处，又称后上裆线。后中心线由大裆的困势线和大裆弯线两部分组成，由于腰臀差主要集中在后片，所以造成后中心线困势加大，因此后中心线向后的倾斜度大于前中心线。同时受其影响，大裆弯式和长度也大于前片的小裆。

5.挺缝线。位于前后裤片的二分之一处，垂直交于腰围辅助线和裤口线，又称烫迹线，是确定前、后裤型对称与肥瘦的依据，同时也是判断裤子产品质量优劣的参照线。

6.前、后侧缝线。位于人体腿部外侧的结构线，又称为前、后栋缝线，后侧缝线曲率大于前侧缝线，因此多采用吃势、归拔、拉伸的工艺，使前后侧缝结构线长度一致。

7.前、后内侧缝线。是指从横裆（大小裆）至裤口的人体腿部的内侧结构线，又称下裆弧线，由于后裆大于前裆，因此一般情况下后内侧缝线的弧势与长度大于前内侧缝线，多采用吃势、归拔、拉伸的工艺，使前后侧缝结构线长度一致。

8.前省线。前省线位于前片腰围线上，可根据款式设定省量的大小和多少。一般情况下，省位在挺缝线和侧缝线之间或在挺缝线上，当然，省位也可根据设计具体设定。

9.后省线。位于后腰围线上，位置多在后片腰围线长的1/2或1/3处，省量的大小和多少应根据具体的款式设计确定，省尖的长度以臀围以上5cm的各个点为基准。

二、裤子的专业术语（图5-1-2）

1. 划顺。裤子结构外轮廓线中的直线与弧线、弧线与弧线之间的连接。

2. 劈势。外轮廓线需减掉的量，如前后中心线和前后侧缝线。

3. 起翘。在水平线的基础上，向上抬高的量，如裤后中心线和喇叭裤的内外侧缝线。

4. 凹势。外轮廓结构线内凹曲率程度，如裤窿门、内外侧缝线等弧线。

5. 胖势。轮廓结构线外凸的曲率程度，如前后臀腰处的侧缝线，外凸造成微妙和缓。

6. 困势。前后裤片倾斜差，有侧缝困势和后裆缝困势。

7. 落裆。后裤片的裆深大于前裤片，前后裆深差，称之为落裆。

8. 上裆。又称直裆和立裆，是裤横裆以上的量。

9. 下裆。裤子横裆线以下至裤口的长度。

10. 裤窿门宽。裤子前后裆宽间距，即人体臀腹厚度。

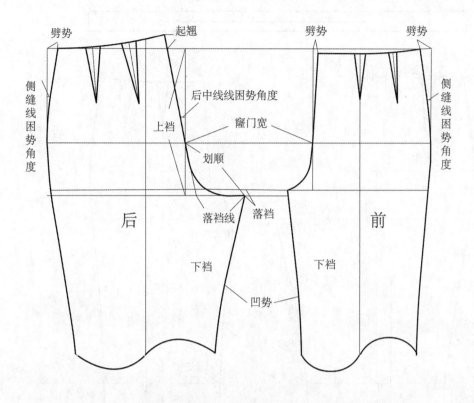

图 5-1-2　裤专业术语

第二节 裤子原型结构设计原理与方法

一、裤子原型（图 5-2-1）

（一）结构特点

　　裤子原型的结构特点是根据亚洲人的人体特征确定的，在尺寸设定上多采用比例分配的方法，所需尺寸多在净尺寸的基础上加上适当的放松量制版而成，因此腰围、臀围、腹围合体，长度适中，满足人体基本活动量，是较标准化的裤型，裤子原型不仅可以作为裤子的标准款式直接使用，而且还可以作为基础纸样进行多种裤型的结构变化与设计。

（二）所需尺寸（表 5-2-1）

表 5-2-1 裤子原型制版所需尺寸　　　　　　　　　　　　　　　　　　　　　　单位：cm

号型	部位名称	臀围(H)	腰围（W）	臀长（HL）	上裆长（D）	裤口宽	腰头宽
160/66A	人体净尺寸	90	66	17	28.5	/	/
	成衣尺寸	90	66	17	28.5	21	3.5

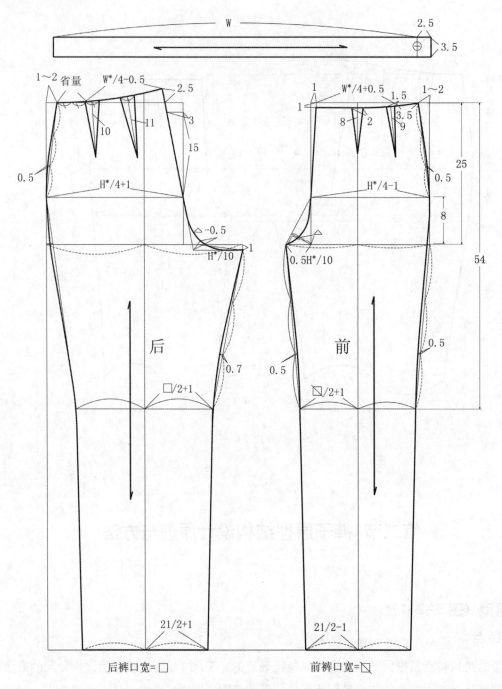

图 5-2-1　裤子原型制版

　　具体尺寸应根据裤子的不同型号来设定，此裤制版规格选择 M 号的必要尺寸，也可直接采用测量所得的人体数据。

（三）制版方法

　　（注 H*、W* 表示净臀围、净腰围尺寸）

　　1.绘制基础线

　　作水平腰围辅助线，同时作垂直于水平腰围辅助线的线，确定裤口线的位置，即裤长，并根据提供的臀长、上裆长、中裆长分别作臀围线、横裆线、中裆线（髌骨线）等辅助线。

　　2.前裤片的绘制

（1）前臀围宽：H*/4−1cm。

（2）前中心线的倾斜度：在前中线辅助线与腰围辅助线的交点，向里收进1cm，并用直线连接臀围线。

（3）小裆宽：0.5H*/10。

（4）小裆弧线：用直线连接臀围线与小裆宽，在此直线上作垂直线交于前中心线辅助线与横裆辅助线的交点上，同时将此线段平均分成三等份，取其2/3处作为小裆弧线的辅助点，用曲线连接臀围线、辅助点、小裆宽，小裆弧线完成。

（5）前挺缝线：取前臀围宽与小裆宽和的1/2，以此为基点作臀围线的垂直线，上交于腰围辅助线，下交于裤口辅助线。

（6）前腰围宽：在前中心线与腰围辅助线的交点处向里进W/4+0.5cm，在前裤片的侧缝线辅助线处向里进1～2cm，前后侧缝线所减尺寸加上腰围的实际尺寸，所剩余量即前腰围的省量大小，若臀围与腰围的尺寸差过大，则需要两个省量来消化。反之，则只用一个省量即可。一般情况下，省量的大小尽量不要超过3cm，以免造成省尖的过于凸起，影响裤装的整体造型。当然也可以根据款式的具体要求进行设定。

（7）前腰围线：以前腰围辅助线与前中心线倾斜度的交点为基点下将1cm，并以此为基点曲线连接前腰围的侧缝点处。前中心线处，最好以直角的形式完成。

（8）前省设定：以前挺缝线为基点取前裤片省量①，一般情况下，此省量大于第二个省量。省尖长度为8cm（推荐数据）；在第一个省量与腰围侧缝点之间距离的1/2，为前片省量②，省尖长度为9cm（推荐数据），省与前腰围线相垂直。

（9）前裤口宽：以前挺缝线与裤口辅助线为基点向两边取1/2裤口宽−1cm。

（10）前中裆宽：以前挺缝线与中裆线（髌骨线）辅助线的交点为基点，向两边取1/2前裤口宽+1cm。

（11）前侧缝线：

①腰围至臀围处的侧缝线：用直线连接腰围线与臀围线，并将此线段平均分成三等份，取靠近臀围线的1/3处向里垂直0.5cm，作为一个辅助点，胖势连接腰围线、辅助点、臀围线；

②臀围至中裆线的侧缝线：横裆辅助线与中裆线直线连接，取其线段的1/3向里垂直0.5cm，作为一个辅助点，再将臀围线与中裆线直线连接，曲线连接臀围线、辅助点、中裆线；

③中裆线至裤口线的侧缝线：用直线连接中裆线与裤口线。由此，前侧缝线完成。

（12）前内侧缝线：

①小裆至中裆线：用直线连接小裆与中裆，并取其1/3向里垂直凹试0.5cm作辅助点，用曲线连接小裆、辅助点、中裆线；

②中裆至裤口线：用直线连接中裆线与裤口线，由此前内侧缝线完成。

3．后裤片的绘制

（1）后臀围宽：H*/4+1cm。

（2）后中心线：①后中心线的倾斜度：15：3（此处的后中心线的倾斜角度，比率的数据因裤型变化而变化，如裙裤的倾斜角度为0，而紧身的裤型有时则达到15：3.5），作斜线交于臀围线与后中心线的辅助线上，向上通过腰围辅助线上升2.5cm（推荐数据），作为后腰围的后中心点，向下交于大裆深线。

（3）大裆宽：H*/10。

（4）大裆弯度：在大裆宽的基础上垂直下降1cm（参考数据），作后中心线斜线与大裆辅助线的交角的角平分线，长度为小裆弧线辅助点长度 −0.5cm 作为辅助点，用曲线连接臀围线、辅助点、大裆长度，大裆弯线完成。

（5）后挺缝线：后片横裆宽1/2作垂直于臀围线的一条线，上交于腰围辅助线，下交于裤口辅助线。

（6）后腰围线：

①后腰围宽：以后腰围的中心线为基点向里进1/4W*−0.5cm；

②在后侧缝线的辅助线向里进1~2cm，确定后腰围侧缝线的结束点，用曲线连接侧缝点与腰围处的后中心线点。

（7）后腰省：

①省位：将后腰围平均分成三份，每一份作为省位点；

②省量大小：将侧缝点与后中心点之间的距离减去实际腰围所得数据作为为省量的大小，省量较大时，多采用两个省量的形式完成，量较小时可选用一个省的形式；

③省尖长度：靠近后中心线的省量11cm（推荐数据），靠近侧缝线的省量10cm（推荐数据），以此长度在省位处作腰围线的垂直线，并收掉所需省量，后腰省完成。

（8）后裤口宽：以后挺缝线与裤口线辅助线的交点为基点向两边各取1/2裤口宽+1cm。

（9）后中裆宽：以后挺缝线与中裆线辅助线的交点为基点向两边各取1/2后裤口宽+1cm。

（10）后侧缝线：

①腰围线至臀围线的侧缝线：直线连接腰围线至臀围线，平均分成三等份，取靠近臀围线的1/3处向外垂直0.5cm，作为辅助点，曲线胖势划顺腰围线、辅助线、臀围线；

②臀围线至裤口线的后侧缝线：直线连接臀围线至中裆线，靠近臀围线处作胖势划顺，靠近中裆线的部位凹势划顺；

③中裆线至裤口线：直线连接中裆线与裤口线之间的距离，后侧缝线完成。

（11）后内侧缝线：

①大裆线至中裆线：直线连接大裆线至中裆线，并将此线段平均分成三等份，取靠近中裆线的三分之一处垂直向里收进0.7cm（推荐数据），确定辅助点，曲线凹式划顺大裆线、辅助点、中裆线；

②中裆线至裤口线：直线连接中裆线至裤口线；由此，后内侧缝线完成。裤子原型制版完成。

二、裤子原型结构制版注意事项

（1）前后臀围宽的设定。前后臀围宽的尺寸设定不是一成不变的，所加尺寸的大小应根据裤子的造型和款式来定，紧身的裤型多以净臀围尺寸作为成衣尺寸，宽松式裤型则需要根据裤装的肥瘦程度进行尺寸的增加，裤装越宽松，所加的尺寸越大。

（2）前后臀围尺寸差的设定。前后臀围尺寸差的设定决定了侧缝线的位置，由于臀围大于腹围的围度，因此在一定程度上需要增加一定的量来满足两者之间的差距，同时在前片减少相同的量，使侧缝线整体造型在视觉上处于人体的正侧面。

（3）前后腰围线的设定。与臀围线相反，后腰围减去一定的数值和前片加上相同的数值来达到侧缝线的合理位置，这是由于人体后腰部下凹，前腰前凸，前腰所占尺寸大于后腰。但是数值的大小取舍不是一成不变的，在一定程度上，所加减的尺寸决定了侧缝线的位置，或前或后。

（4）前后片侧缝线。前后侧缝线以相似为佳，但特殊的裤型设计在一定程度上会打破原有的传统规则，从而改变前后片的侧缝线造型。

（5）大小裆的长度、造型与尺寸差。

①大小裆的长度。大小裆的长度决定了裤裆位的结合点，它的长短在一定程度上受众多因素的影响，裤型的肥瘦、臀围的大小、腹围的大小都是影响大小裆的关键所在，不合理的大小裆尺寸会造成裤腿的紧贴和裆部余量的产生，形成不必要的褶皱，从而影响舒适性和视觉效果。一般情况下肥裤型大小裆较大，瘦裤型大小裆相对较短，特殊造型的拉裆裤，也需要相应的增加大小裆的长度。

②大小裆的形态。大小裆的形态决定裤型裆部造型的顺畅程度，大小裆造型的不合理极易造成余量和褶皱的产生。

③大小裆的尺寸差。一般情况下的大小裆的总长大约占成品臀围的14.5%~16%左右，而大小裆的比率则约在3∶1，如按裆宽的比率16%来计算，大裆应占臀围12%，而小裆则占4%，虽然不同的制版书籍对大小裆的长度各执一词，但其长度差则相差无几。

（6）落裆的大小：为了使前后内侧缝线等长，而采取的一种补救手段，一般情况下，前后内侧缝线的弧线差别越大，落裆越大，反之，则越小。

【课后练习题】

（1）裤子基样制版（1:1，1:5），为后期在基样基础上变化的裤型做准备。

（2）用白胚布制作裤子基样，分析制版过程中出现的问题，并及时修正与解决。

【课后思考】

（1）对于前后臀围宽度取值大小规律的思考。

（2）对于前后腰围宽度取值大小规律的思考。

（3）对与裤后中心线起翘、斜度的思考。

（4）对于前后侧缝线斜度、胖势划顺规律的思考。

（5）对于大小裆取值范围的思考。

（6）对于中裆线（髌骨线）取值规律的思考。

（7）对于裤口线取值范围的思考。

第六章 裤子细节结构设计原理与方法

【学习内容】

（1）裤腰省的制版原理与方法。

（2）裤腰头的制版原理与方法。

（3）裤前中心线的制版原理与方法。

（4）裤后中心线的制版原理与方法。

（5）裤大小裆的制版原理与方法。

（6）裤侧缝线的制版原理与方法。

（7）裤内侧缝线的制版原理与方法。

（8）裤口的制版原理与方法。

【学习重点】

（1）裤省、裤腰头、前后中心线、前后侧缝线、大小裆、内侧缝线以及裤口的制版原理与方法。

（2）裤子局部结构制版的要点与变化规律。

（3）灵活运用细节设计规律和要领。

【学习难点】

（1）裤子局部结构制版原理。

（2）对裤子局部结构变化规律。

（3）裤子局部结构制版变化形式的灵活运用。

第一节 裤腰省结构设计原理与方法

　　裤子的局部结构设计又称裤子的细节结构设计，是将裤子的组成部分分解成相对独立的个体，并将其进行结构设计的原理分析与研究，完成裤子结构与设计真正意义上的统一。如裤省、裤腰、裤身以及裤口的结构设计的制版原理与方法。裤省、腰头、开门、口袋的结构制版原理与裙子的裙省、腰头、开口、口袋的结构制版原理相同。但是大小裆将人体下肢的腿分开，完成裤腿的形态，从而增加了大小裆、前后中心线、内侧缝线等局部细节结构设计，这也是本章讲授的重点。

　　通常意义下的裤省不仅能够调节臀、腰的尺寸差，还具有塑造裤型的功能，因此裤子的省量选择与分配在一定程度上有别于一般的省量分配，它不仅要满足臀、腰差大小的变化，还要根据臀部的造型、大小决定省量的大小和长短，因此相对来说裤子的省量在一般的设计意义上有一定的局限性。由于臀凸大于腹凸，因此前身的省量小于后腰的省量，当然特殊的裤型除外。总之，省量的合理取舍，有助于裤装造型的完善，有助于弥补臀、腰差的不可调和性。省量在裤子结构设计中，主要分有省和无省两种情况。

一、有省

裤子中的有省主要是指位于裤子腰部，同时将臀、腰尺寸差有效收掉的结构线，使裤子在造型上更加接近人体造型。从三维的人体角度看，人体臀围的凸度大于腹围凸起，因此后腰省大于前腰省。在此原则上将人体臀、腹与腰之间的尺寸差，进行合理的位置、造型、长短、大小的安排，将都是合理可行的。

（一）省位的设定（图6-1-1～图6-1-4）

在符合裤装结构设计原则的基础上，省位的设定是灵活多变的，并不仅仅拘泥于传统上后片的三分之一处和前片的挺缝线处，为满足多变的裤装结构设计，裤省与裙身的省位结构设计原理相同，可进行或左或右等位置上的移动。省位移动主要有两种形式。①省尖不动省位动。当省尖不动省位动时，省尖仍然保留原有状态，缝合的省线会不再垂直于裤腰围线；②省位与省尖同时移动。当省位和省尖同时移动时，省线仍然垂直于腰围线，但是省尖长应根据位置的不同略有改变，一般情况下，靠近前中心线的省尖短，靠近侧缝线的省尖略长（图6-1-1）。

1. 靠近侧缝线的省位（图6-1-2）

2. 靠近前后中线的省位（图6-1-3）

3. 分散性省位（图6-1-4）

4. 不对称式省位（图6-1-5）

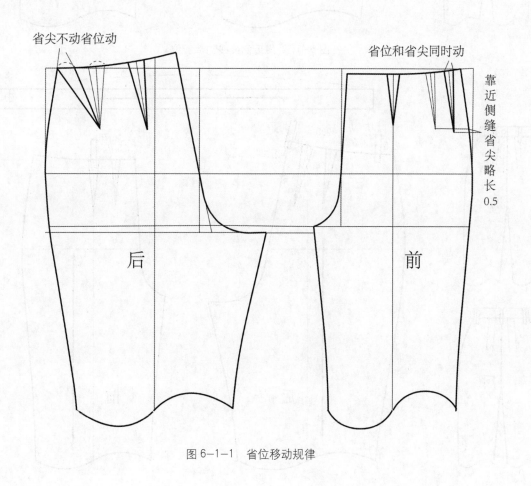

图6-1-1 省位移动规律

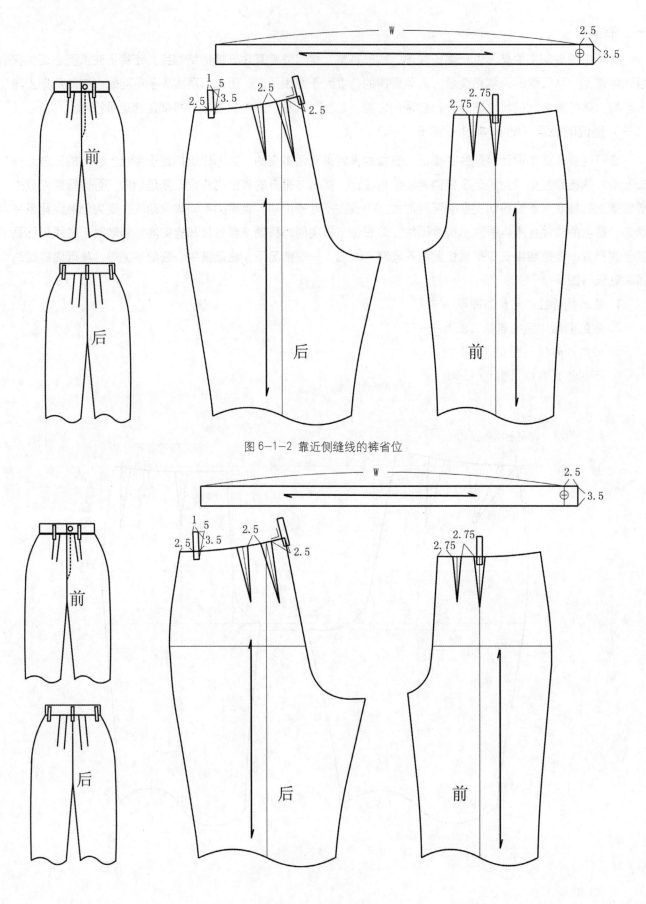

图 6-1-2 靠近侧缝线的裤省位

图 6-1-4 分散性省位

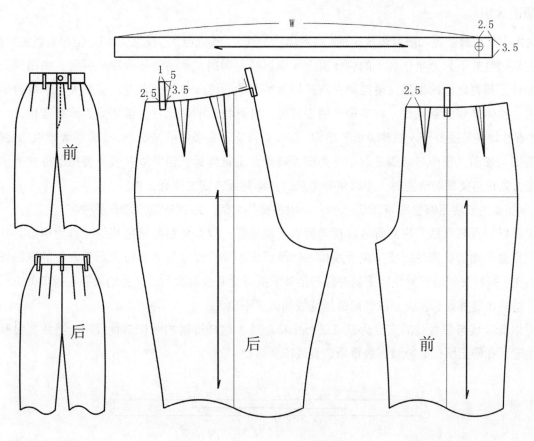

图 6-1-3 靠近前后中心线的省位

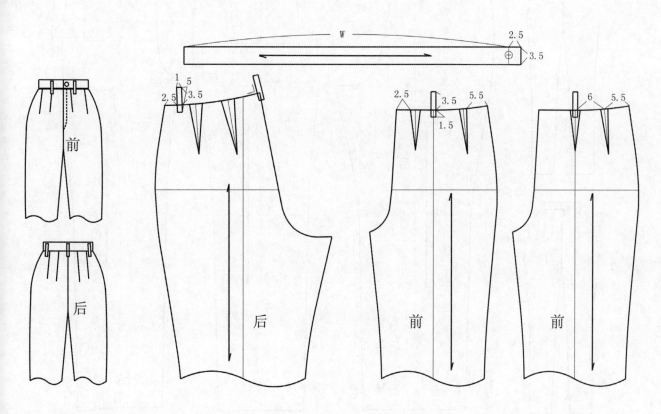

图 6-1-5 不对称式省位

131

（二）省量的大小

省量的大小是由臀腰差和腹腰差决定的，两者尺寸差越大，省量越大。反之，则小。但在求新追异的今天，裤装设计的新颖性并不只涉猎于裤子的合体度上，高科技面料的发展有时还会取代省量，如高弹面料在一定程度上弥补了腰臀之间的差量，硬挺的合成纤维为裤装的三维效果锦上添花，省量大小的取舍也由此变得十分自由。整体外观的新颖性，细节设计的多样性，特殊材质的选择性，都将成为裤装结构设计的创新性点。但是省量始终是服务于人的裤装细节结构，在没有特殊外在条件的情况下，省量的大小以功能性为主。省量大于臀围与腰围、腹围与腰围差时，多为阔型裤或阔型锥体裤，通常以多省、多褶的形式来消化省量以外的余量。处理这类裤装造型时，应以审美为准。具体制版方式主要有三种。

（1）所加量的长度至髌骨线（图6-1-6）。以前裤片为例，加放省量方法有两种：

①沿挺缝线剪至髌骨线，在髌骨线位横向剪切至侧缝线，以髌骨线与挺缝线的交点为中心点，旋转纸样，打开所需量，增加腰围的肥度，髌骨线以下裤腿肥度不变，或收缩，形成上肥下收口的宽松锥形裤。值得注意的是，纸样旋转时髌骨线以下的裤腿与旋转的纸样会有少许交叠，交叠的量要在裤口处进行补足，交叠多少，前裤侧缝线延长多少，以使前裤侧缝线的长度不变。

②也可以侧缝线与髌骨线的交点为基点进行纸样旋转，这样旋转的纸样髌骨线和挺缝线处会有余量，腰围微有抬起，在修正纸样时将腰围线重新调整成所需造型。

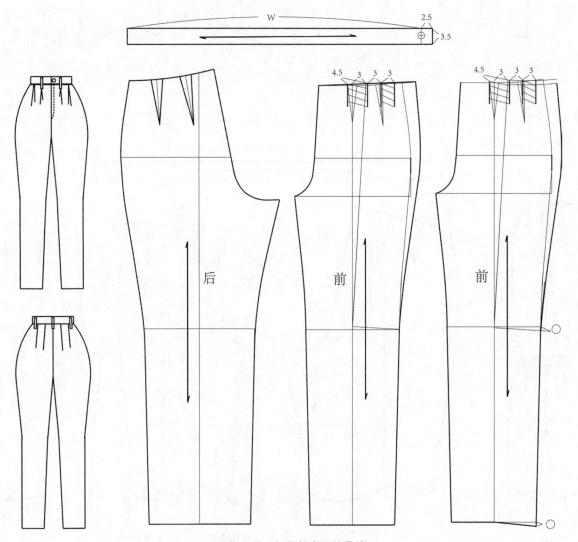

图6-1-6　加量长度至髌骨线

（2）加量长度至裤口线（图6-1-7）。以前裤片为例，制版方法与加量长度至髌骨线的原理相同，沿挺缝线剪至裤口线，以裤口线与挺缝线的交点为基点，旋转有侧缝线的前裤片，根据设计要求打开所需量，重新修正裤装腰围线。这种裤型在腰围增加的同时，臀围、腹围、髌骨线的余量依次递减，裤口保留原尺寸量，属于裤身宽松，裤口略小的宽松型裤型。

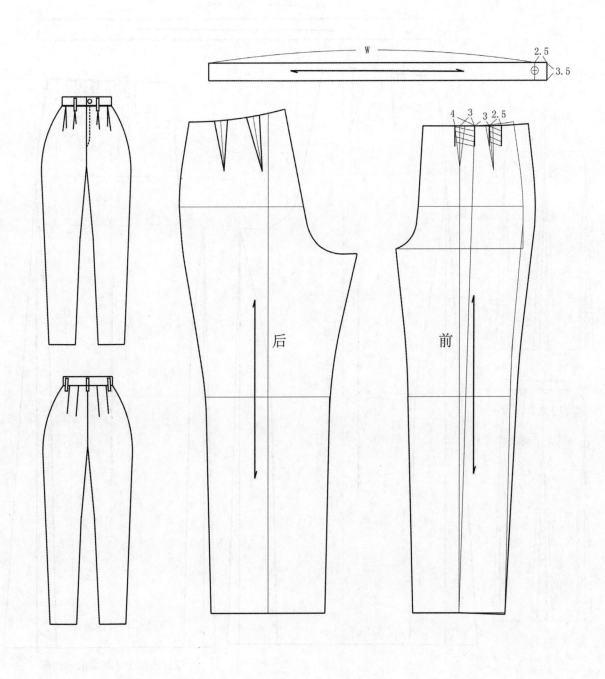

图 6-1-7　加量长度至裤口线

（3）裤身整体加量（图6-1-8）。以前裤片为例，制版方法与前两种相同，沿挺缝线剪至裤口线，平移有侧缝线的前裤片，腰围平移的量应符合款式设计要求。特点是腰围线、腹围线、臀围线、髋骨线、裤口线处打开的余量相同，形成阔腿裤。值得注意的是，腰围展开的量不大时，保留原侧缝线造型；省量展开较大时，体现原型裤腿部曲线的侧缝线，因整个裤身宽松，失去修饰腿部线条的作用，因此，此处多以直线、或外展的形式表现侧缝线，属于阔腿裤的一种类型。

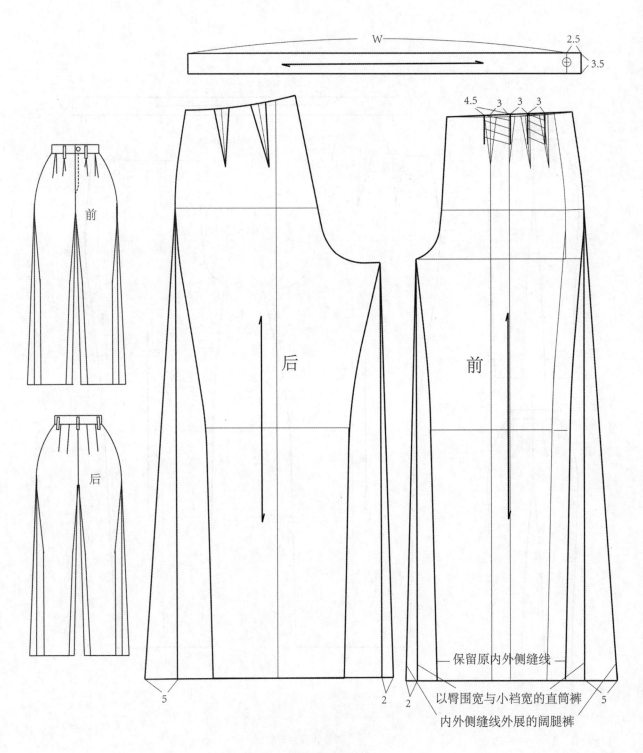

图6-1-8　裤身整体加量

（三）裤省数量的设定

通常情况下，省量的多少是由臀围与腰围的差量决定的，差量大往往需要多个省分配，以此避免省量过大造成不必要的大的省尖凸起。创新性裤型省数量不仅仅遵循人体造型，更多从设计的角度出发，因此省量的多少已不再只局限于前后四个省的数量原则，无省和多个省量更能符合现代人的审美标准和情趣。省量的数量分配一般有两种情况：

（1）将实际臀围和腰围差所形成的省量由原来的 2 个或 4 个，再平均分配成若干个省（图 6-1-9）。

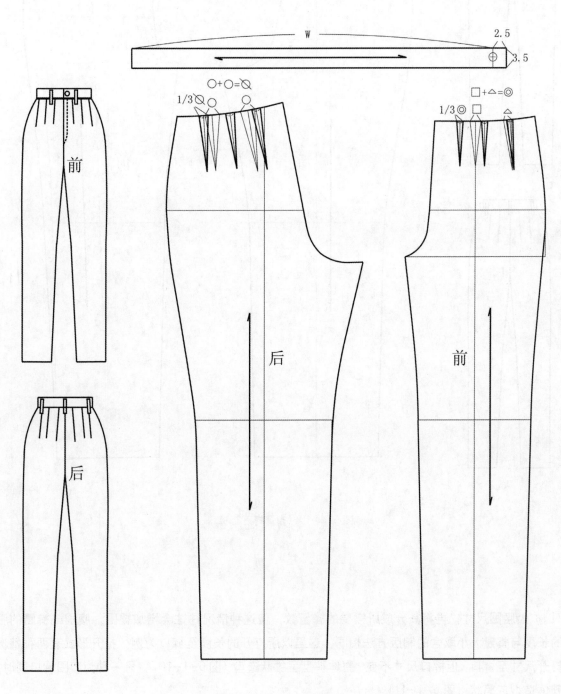

图 6-1-9　平均分配省量

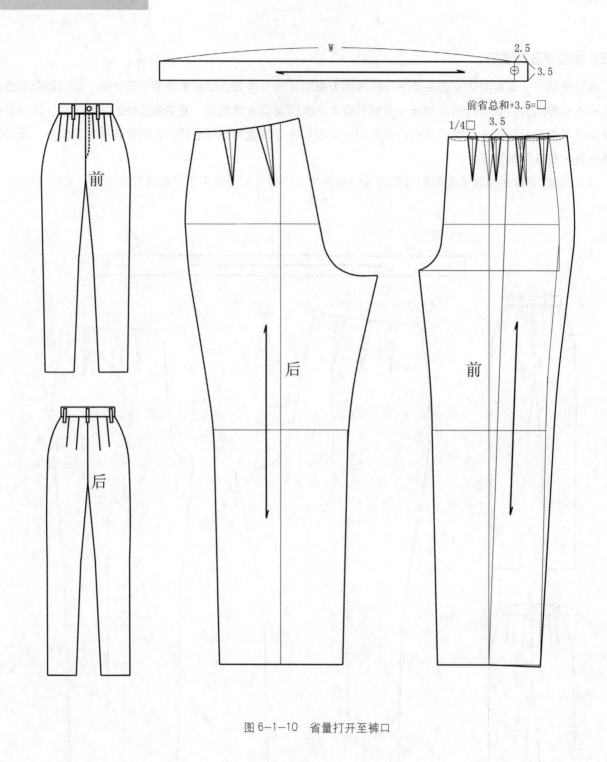

图 6-1-10　省量打开至裤口

　　（2）扩大腰围尺寸，再将其分成所需要的省量数，但这种情况往往会增加臀围、腹围或裤腿的肥度。所打开的长度与省量大小取舍的制版方法相同，这里以所打开的长度至裤口为例，打开形式有两种情况，一种为所打开尺寸至裤口，但裤口尺寸不变，整体裤型呈锥状造型（图 6-1-10）；另一种为腰围裤口同时打开，使裤子整体造型成筒状（图 6-1-11）。

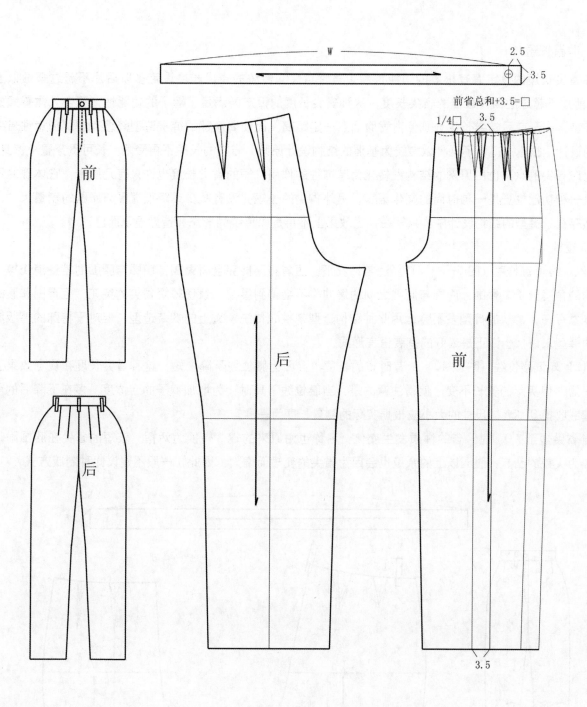

图 6-1-11　省量打开至裤口，裤口打开

（四）裤省长短

裤省尖长短的设定有其根本的功能性和审美性意义，传统的省尖长度设定多以后片不超过臀围以上5cm，前片不超过腹围为最佳的省尖长度，这种省尖长度的设定既满足了裤子的功能性又符合人体臀腹的凸起造型，由于前后省尖长度分别偏离臀腹凸点一定距离，而使臀腹部的裤子造型舒缓有型。创意性省尖长度的设计从根本上打破了这种以传统为基调的结构设计原则，省尖的长短不再受限。长可贯穿整个裤身，当然此时省尖的意义也由原来的结构性转化为装饰性的作用；短的省尖长度也许只有几厘米，它体现的不仅仅是一种功能性更是一种时尚的文化语言。另外省尖的长短并没有减少或降低臀围与腰围的差量尺寸，它依然存在于裤型的结构设计中，只是在视觉效果上不再是以传统的形态和造型显现而已。

1. 短省

（1）缩短省长度（图6-1-12）。通常情况下，短省将不能完全将臀围、腹围与腰围的差量消化掉，从结构的角度分析，臀围、腹围与腰围之间的缓冲将不会得到缓解，致使较短省尖的突兀，且臀围和腹围余量依然存在。常规的裤型多不会运用此种结构造型来挑战传统意义上的裤装造型，但对于特殊的裤版和形态的裤型来讲，也许正是最好的裤装语言形式。

（2）降低腰位线（6-1-13）。有时省的长度也会因为腰位线下降变短，这种省尖长度在视觉效果上长度变短，但实际的省长不变。值得注意的是，当腰位线下降时，为增加裤子的合体度，多在下降后的前后侧缝线收掉0.5cm，尺寸的大小应根据实际的测量长度为基准。

当省尖短至"0"时，省的性质发生变化，名称也由原来的省，转换为活褶。较短的省尖在腰围附近形成较为尖锐的凸起，腹围以上的余量也会因为省尖的变短而增大，因此，一般不建议此种制版方式。

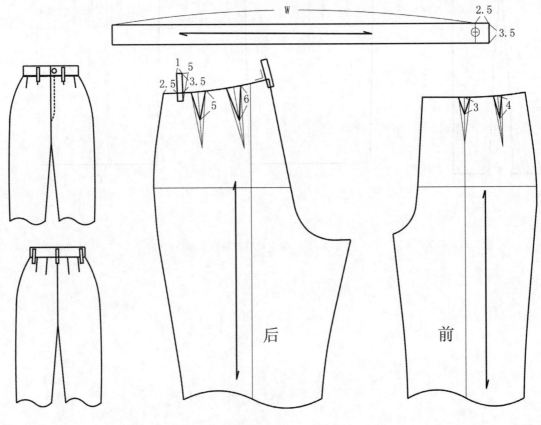

图6-1-12　缩短省长度

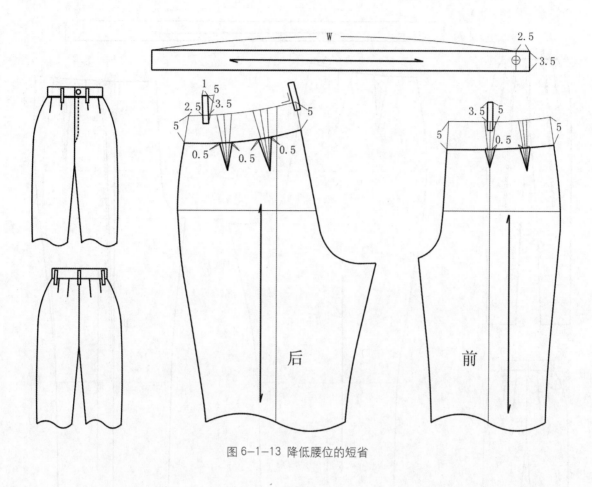

图 6-1-13 降低腰位的短省

2. 长省

通常情况下，省量长度超过传统设定的尺寸会导致裤子臀、腹量的减小，无法满足人体正常需求，使裤装功能性丧失。因此在特殊的裤装省尖加长时，臀、腹围度要相应的加放尺寸，来弥补省尖过长造成臀、腹损失的尺寸量。当省尖加长到一定程度时，其外观造型有装饰线的特点。但要注意，省尖长度的止点部位会形成不必要的凸起，凸起量越大，裤型外观受到的影响越大，因此，省尖结束点的尺寸量越小越好。

具体制版方法为：确定省位，并以此为基点确定省尖的长度和造型，用剪刀在纸样上剪至所定的省尖长度，在实际省量大小的基础上打开相应的量弥补臀、腹损失的尺寸差，重新修正纸样，长省制版完成（图6-1-14）。

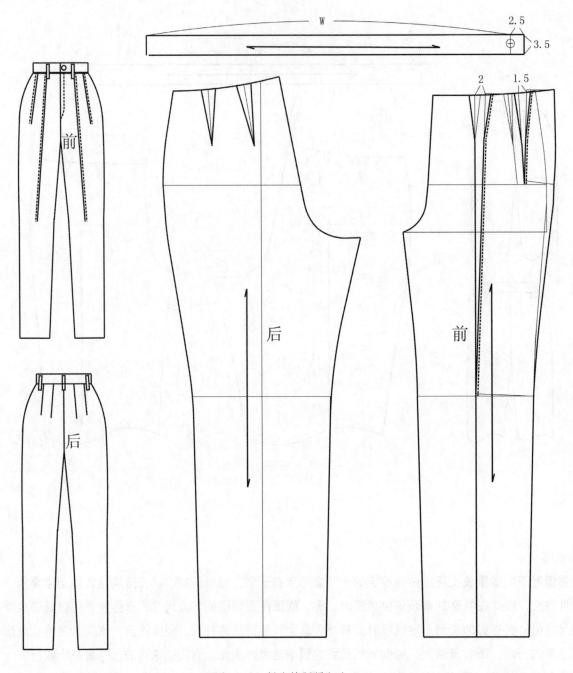

图6-1-14 长省的制版方法

二、无省

    省量的出现有效地完成了面料从平面到立体的转变，调节了服装与人体之间的内在关系。但是省将二维平面变成了三维立体造型的同时，也对完整的面料进行了缉缝，形成了以人体凸点为核心的省线。在某些款式设计中，要求既要符合人体的立体形态，又不能有省线出现，这种看似两难的制版要求，往往可以通过结构设计的处理完成。其解决方法主要有三种。①直接将腰、臀的尺寸差量收于侧缝线处，这种形式多出现在牛仔裤的结构设计当中，由于没有过多的考虑臀、腹、腰之间的过渡，因此在一定意义上这种结构制版的腹围和臀围有结构上的挤压感。同时，这种裤型也多用于腰、腹、臀三者之间尺寸差较小的情况。但在臀、腹、腰三者之间的尺寸差较大时，必须加省。②降低腰位线形成的无省，将腰位线降至前省长，其他较长的省量，统收至左右侧缝线处。③省量转移。与裙装的省量转移原理相同，以结构线的形式进行转移，但是结构线必须经过或对着省尖的位置。

（一） 裤子的省量转移

裤子的省量转移与裙子的省量转移基本相同，视觉上省量的不存在，并不代表省量在裤装中的缺失，通常情况下无省裤型在省尖消失的地方有各种形式的结构线出现，省量则通过转移隐藏其中。其形式主要有横线和竖线两种。

1. 横向省量转移

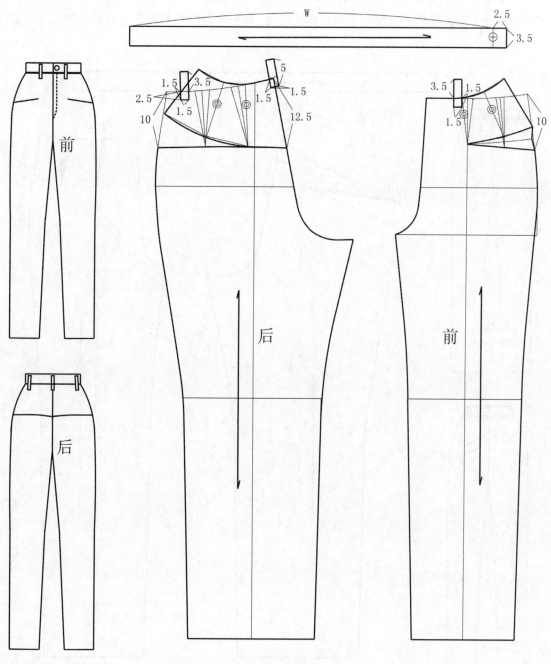

图 6-1-15 育克

　　育克。裤子的育克与裙子的育克意义相同，既具有隐藏省量的作用，又具有美观的效果，它存在于腰、臀和腰、腹之间，位置的设定具有一定的局限性。作为省量转移的依据，端点必须在省尖结束的位置。在遵循育克结构设计原则的基础上，隐藏其中的省量并不妨碍育克造型、位置的变化，或直或弯，或对称或不对称等形式。制版方法如下：

　　①确定育克位置。只要育克的某一点经过省尖，那么其他线段的造型可根据要求具体设计。

　　②育克形式。育克形式是多种多样的，每一种形式都具有其独特的设计语言，是裤装育克设计的重点。

　　③转移省量。标出育克的位置和具体的育克形态，并用剪刀沿此线剪至省尖处，同时将腰部省量折叠，所剪育克打开，重新修正裤腰线。由此育克的省量转移完成（图6-1-15）。

　　面对较为复杂的省量转移应采用多种转移方法，如横向省量转移（图6-1-16），由于两个省量的省尖上下有所交错，每一个省量应转移至横线与省尖的交汇处，第一个横向结构线交于靠近后侧缝线的第一个省，

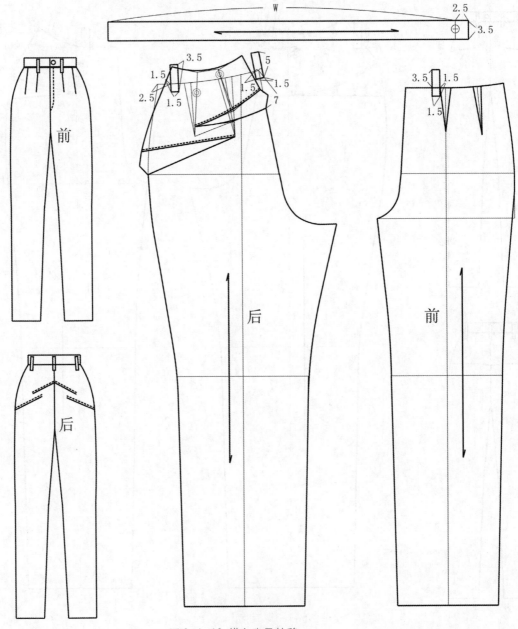

图6-1-16 横向省量转移

同时又贯穿后腰围的第二个省，这样就会造成上下横向结构线省量转移的麻烦。因此第一个横向结构线在转移靠近后侧缝线省份的同时，也将第二个省份进行转移；下面的横向结构线将上面横向结构线没有完全转移掉的省份再进行转移。

2. 裤子斜向省量转移（图6-1-17）

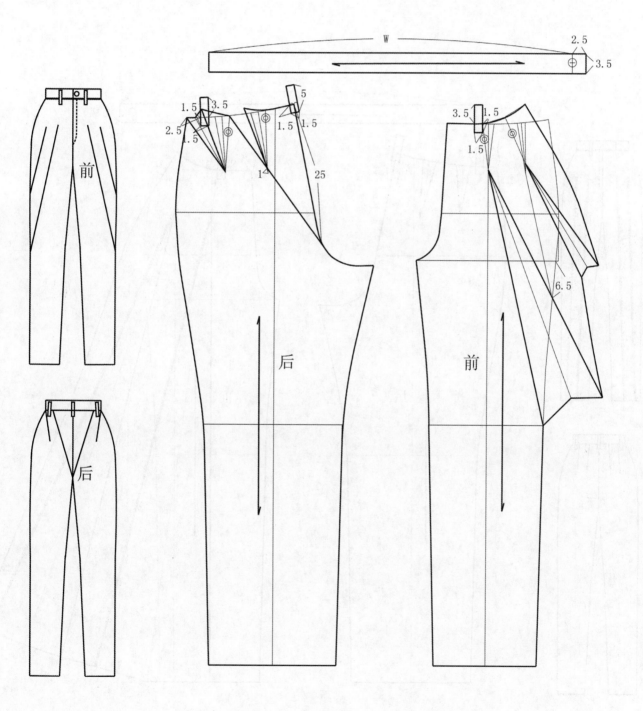

图6-1-17 斜向省量转移

　　斜向省量转移的位置相对于育克和横向省转移更加灵活，它不仅仅存在于腰、臀和腰、腹之间，其位置更加随意活泼，装饰性与功能性兼具。省位可根据设计的要求选取任意一点，但其结构线必须经过或对着省尖点。形式上，或断开或不断开，或直或弯，或对称或不对称等。

　　3. 裤子竖向省量转移

　　（1）有结构线的竖向省量转移（图6-1-18）。裤子中的竖向省量转移是指以前后裤省尖的结束点为基点，向下延伸至裤口的一种结构线形式，线段的长短形状设计广泛。制版方式如下：

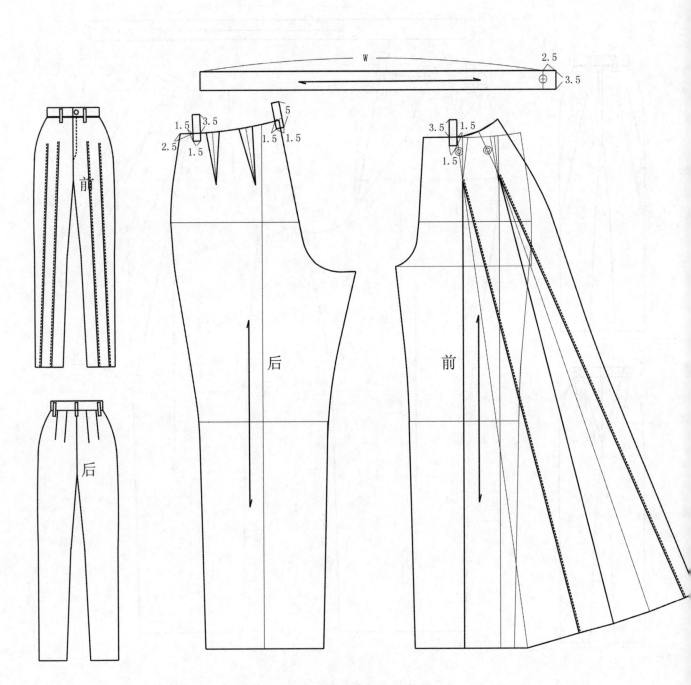

图6-1-18 有结构线的竖向省量转移

144

①确定省位。根据设计需要确定竖线在裤口线上。

②确定省长。竖线的长度不限，最长可贯穿整个裤身，与裤口相交。

③确定造型。造型也是变化无穷，可依据创新性的设计来完成竖线省量的造型。形成或直或弯，或对称或不对称的结构形态。

（2）无结构线的竖向省量转移（图6-1-19）。顾名思义这种裤子的外部表征没有省及隐藏省量的结构线，但这并不代表其没有省量，它不同于无省的裤型结构设计，而是将腰省转移至裤口，根据省量转移必须以省尖为终点的原则，该裤型的结构造型在一定程度上加大了臀围与腹围的尺寸，裤口展开省量大，成为裙裤的一种。制版方式如下：

①省量确定。原型的省位和大小。

②省量转移。以前后省尖为基点画平行与前后挺缝线的直线，交于裤口线；在裤口处，沿直线剪至前后省尖，折叠前后省，腰省转移至剪开的裤口处。省量越大，裤口展开的越大，省尖越短，也会增加裤口展开量。裙裤的特征明显。

③修顺腰围线、裤口线和侧缝线。腰围线和裤口线在转移省量以后造型上有所变化，应在此基础上进行曲线修正与完善；侧缝线则以臀围线为基点用直线连接打开的裤口线，内侧缝线可根据具体要求，用直线修顺或保持原有的内侧缝线的形态。

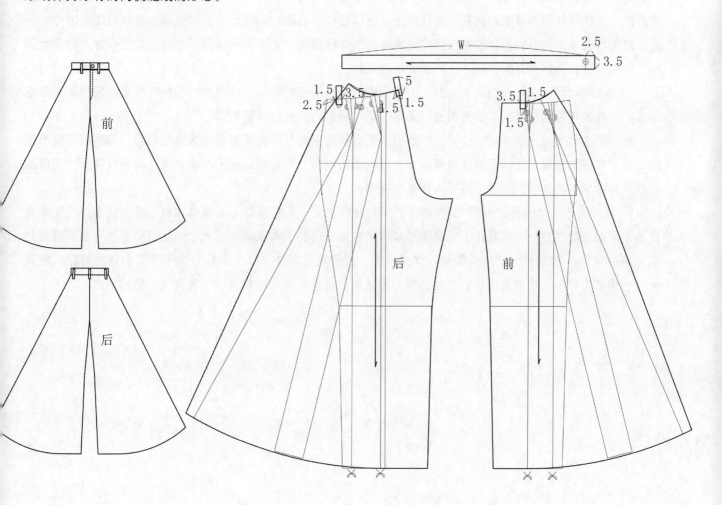

图6-1-19 无结构线的竖向省量转移

（二）无省

无省的裤装结构设计不仅仅只满足于视觉上的无省造型，而是确实没有省量，因为它忽略了臀、腹、腰三者之间的尺寸差，而使得这类裤型在理论上似乎行不通，但这类裤型确实存在，如牛仔裤、紧身裤等。当然这类裤型的产生有众多的因素作支撑，如面料、体型、裤型等。究其根本，主要有三种类型：

（1）面料。牛仔面料对人体具有一定的塑型作用，但其不易变形的特性，从根本上改变了腰、腹、臀三者之间的尺寸差距，而弹力面料的伸缩性在一定程度上弥补了臀、腹、腰三者之间尺寸差的不可调和性，致使无省的裤装造型成为可能。

（2）腰臀差较小的体型。拥有臀、腹、腰三者较小的尺寸差的体型对裤装省量的要求并不很高。反之，则需要省量的出现；

（3）降低腰位线。中腰、低腰裤型也从另一个角度诠释了无省裤装的存在意义，由于裤腰围线的下降使原本存在于腰臀、腰腹之间的省量被剪切掉一部分甚至全部剪切掉，从而使无省现象产生，具体的制版方法与制版原理如下：

1. 实际腰位无省（图6-1-20）。取臀围宽加一定放松量，按照裤子原型的制版方法，在后中心线和前中心线上向侧缝线处取腰围／4的长度，用直线连接臀围到腰围，并在此直线的基础上胖势划顺臀围线以上的侧缝线，此类裤型适合臀围与腰围差较小的人体造型，同时由于臀围差与腰围差不能通过省的形式得到合理释放，人体从臀围至腰部处都有一定程度上的面料拉伸，因此此种裤型在面料选择上有较强的局限性，一般多选择具有一定弹力的面料或有较强抗拉伸作用的牛仔面料。切记不可选择垂性较强或没有弹力的薄型面料，以免裤型在人体外力的作用下，产生变形的现象。

以 W=74cm，H=90cm 的尺寸为例，由于臀围与腰围差相对较小，所以在结构制版时可以采用不用省量的形式，直接将臀围与腰围差收到侧缝线即可，同时将前后侧缝线胖势划顺。

2. 中低腰位无省（图6-1-21）。中低腰的无省制版原理与中腰无省的制版原理相同，只是由于腰节线的降低，在一定程度上缓解了臀围与腰围差造成的面料拉伸，同时侧缝线的胖势划顺也具有缓冲臀围与腰围差的尺寸，但胖势划顺的线迹应根据人体造型来确定。

3. 低腰位无省（图6-1-22）。当裤子的腰位线降低到一定程度时，省量基本被低腰位线去掉，所剩些许省量可归于侧缝线处，同时由于低腰会造成裤子在穿着时的下滑现象，因此，制版低腰裤时可在侧缝线处适量增加0.5cm收缩量，增加裤型对人体的收缩，或设置宽腰头，从而形成合体不下滑的理想裤型。低腰无省可借助宽腰头，增强裤型的舒适性，同时宽腰头可将前后部分省量对调，有育克的结构形态。

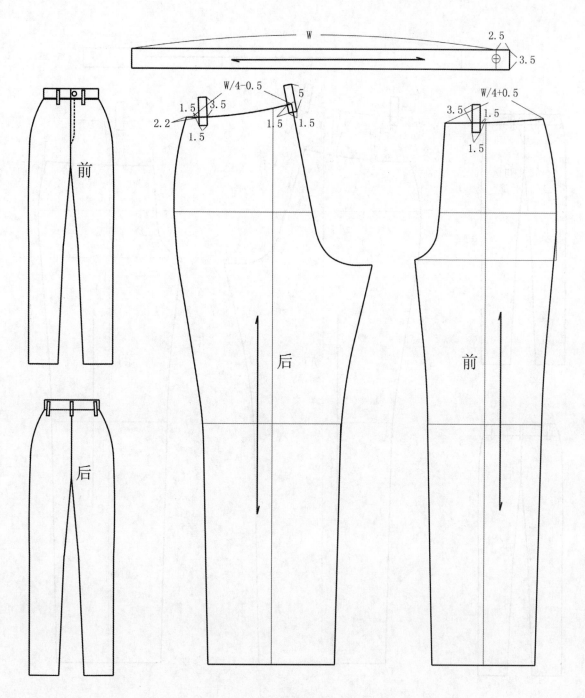

图 6-1-20 正常腰位的无省

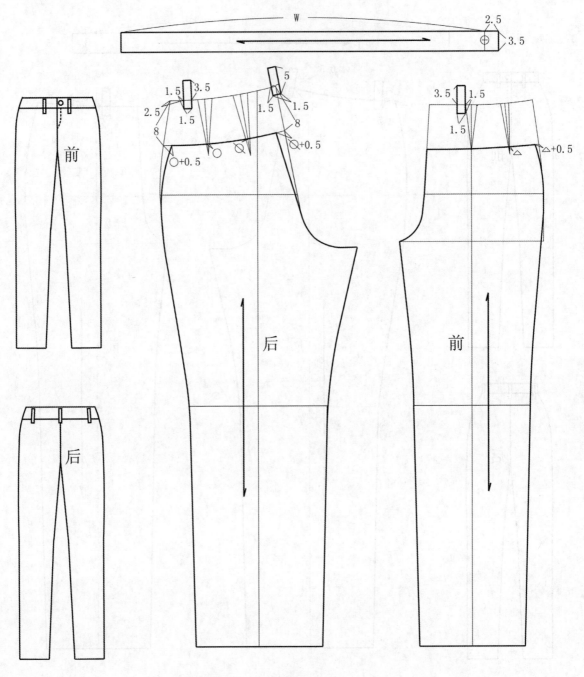

图 6-1-21 中低腰无省

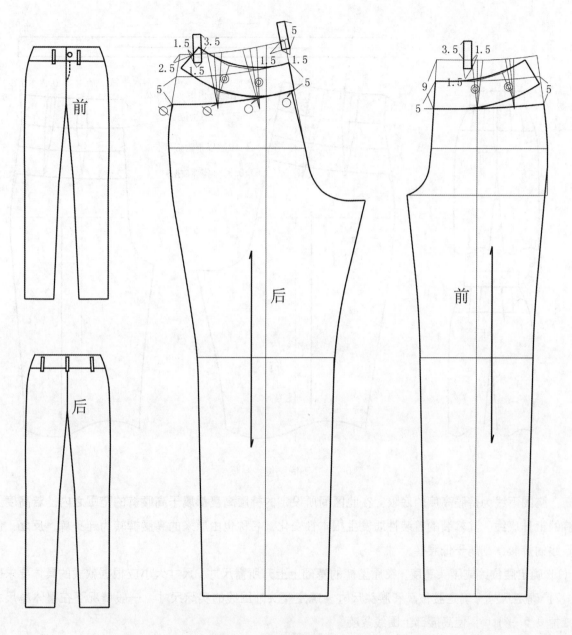

图 6-1-22 低腰无省

第二节 裤腰头结构设计原理与方法

　　裤腰头与裙腰头的性质相同，都具有连接和固定主体裤身的作用，裤腰头在裤装设计中具有举足轻重的地位，合理的裤腰头结构设计，不仅能提高裤装的舒适性、功能性，而且有很强的审美性。就其形态可分为高腰、中高腰、中腰、中低腰、低腰；按其工艺可分为连体腰和分体腰。

一、按腰头的形态分

（一）高腰（图 6-2-1）

　　高腰是指明显高过实际腰节线位置的裤装造型，在现代裤装中一般指实际腰位线以上 3cm 的位置，或

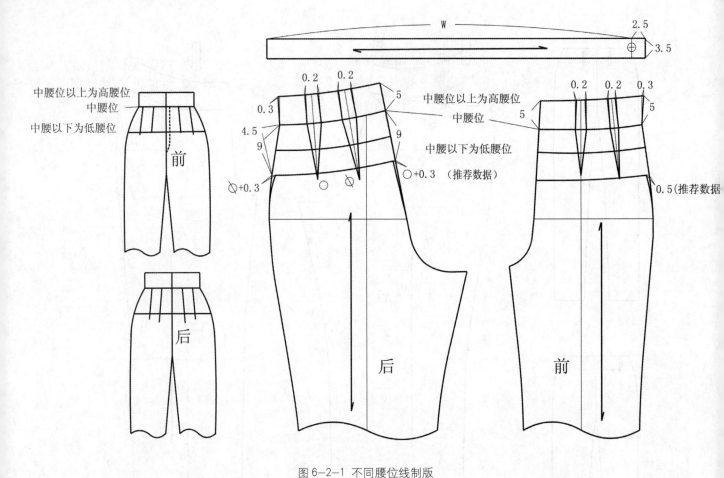

图 6-2-1 不同腰位线制版

是更高，胸围下线为裤腰高度的底限，在此区间所设定的裤腰高度都属于高腰裤的范围之内。若高度上超过高腰裤的上升底线，其裤装的着装性质发生根本性变化，名称也由原来的高腰裤转为连身裤。反之，低于正常腰际线的裤腰，则属于低腰裤。

（1）确定腰位线或腰头高度。在原型裤的基础上上升所需尺寸，尺寸大小应根据款式的具体要求确定。

（2）确定尺寸。确定腰位高和腰头尺寸，确定腰头外围线的实际尺寸，一般情况下在整体净尺寸的基础上减掉 0.5～1cm，使高腰部上围线紧凑。

（3）制版。以腰高 8cm 为例。

①在前、后侧缝线作腰围辅助线的垂直线，长度 8cm，延长前后中心线 8cm，延长省量大 8cm（腰围线上做垂直线）。

②以上升的省量大为基点，向里分别收 0.2cm（推荐数据，以实际人体尺寸为准），用直线连接，形成胸腰部分省。

③侧缝线向外出 0.3cm（推荐数据），并用直线连接至腰围线，体现人体侧部围展的形态。

④修正并划顺高腰外围线，高腰制版完成。

（二）实际腰（图 6-2-1）

实际腰主要是指人体腰部最细处，以人体的肘关节所抵人体腰部为基准，是最常见的一种腰高形式。

（三）中腰（图 6-2-1）

裤装中运用较多的一种腰位形式，一般低于实际腰围一定的尺寸的腰位或腰头形式。

（三）中低腰（图 6-2-1）

裤装中的中低腰是指比中腰低，但又高于低腰围线的一种形式，其高度多在腹围以上 2 ～ 3cm 处，其结构形态既打破了传统腰围线的拘谨，又有些许低腰裤的活泼与洒脱，是当下较为流行的一种裤型结构。

（1）确定腰位。在原型裤的前、后侧缝线和前、后中心线上向下测量一定数据，如向下取 5cm，确定裤子的中腰部位。

（2）省量的处理。降低腰位去掉原省，将残留的省量归到侧缝线处。

（四）低腰（图 6-2-1）

低腰裤初现于牛仔裤装中，其活泼的造型立即风靡一时，并且几乎覆盖了整个休闲装的领域，现在最为流行的前卫裤型，向胯骨以下迈进，是低腰裤的极限。

传统中的低腰是指裤腰在肚脐以下，以人体的胯骨为主要基点的裤装造型，低腰的设定有一定的尺寸限制，多以不超过腹围线为基准，当然低于腹围线的低腰裤在现实生活中也屡见不鲜。考虑到腰围线下降而造成裤身与人体附着率的下降，因此低腰围度相对实际人体的围度要小 1 ～ 2cm，或采用带子系扎、背带的形式增强裤子的适体性。制版方法同于中腰裤。

二、按腰头与裤身的关系分（图 6-2-2）

裤腰按其工艺又可分为连体腰和分体腰，它与裤腰的高低无关，与腰头与裤身是否存在分割线有关。通常情况下，把没有腰头的裤型称之为连体腰裤型，有腰头的裤子称之为分体腰裤型。

（一）连体腰裤型

连体腰的裤型因腰与裤身无分割线，从而造成直观上腰头的缺失，但其中却包含有腰头的作用，连体腰涉猎于不同腰线高度的裤型。由于制版过程中腰头与裤身分割线的缺失，使连体腰裤型的腰部余量不能随意对调，因此不能形成没有省线的造型。连体腰按其形态又可分为高、中、低三种形式。在没有腰头的情况下，中腰和低腰的制版形式简单明了，它所在的形式是通过工艺上对省量的辑缝来完成的，可归类为无腰头裤型的一种。而高腰形式的连体腰，制版则需要有一定结构上的变化。

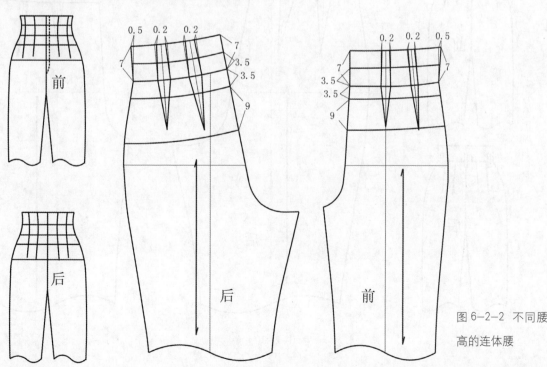

图 6-2-2 不同腰高的连体腰

（二）分体腰裤型

有腰头的裤型被称为分体腰，由于腰头与裤身分开裁剪，避免了腰省带给腰头拼接线的现象，因此分体腰的腰头可以有也可以没有竖向拼接线，但与裤身连接处有横向拼接线。以无竖向省线的分体腰制版方法为例，一般有两种情况：第一种，在基样裤的基础上进行腰头结构制版。裤身在制版过程出现的省量，在纸样修正的过程中将其对调，从而形成完整的腰头如图6-2-4和图6-2-5所示；第二种，脱离基样裤的腰头结构制版。确定腰围长度，作宽为腰头宽，长为实际腰围长的长方形，在裤开门处的腰头加1.5～2cm的叠门宽。这种腰头制版简单明了，是常用的制版方式之一（图6-2-3）。分体腰头根据其造型又可分为宽、窄、无腰头三种形式。

1. 腰头类型

（1）宽腰头。宽腰头是指与裤身分离的腰头在宽度上超出传统腰头的宽度，高度以不超过胸围底线为界限，由于其高度的增加，使其在一定程度上与人体胸围线以下的躯干产生直接联系，其制版与连体高腰裤型制版方式相同，而不同点在于腰与裤身是否有拼接线。制版方式有四种：

①直角腰头。此类腰头在制版过程中不依靠裤身独立制版，取腰头宽度和人体腰围的实际长度作长方形，同时加上叠门量。这种形式的腰头制版，一般用于3～5cm宽的腰头中。当腰头宽度超过5cm以上，就要考虑人体与腰头上围线之间的关系，因为随着腰头宽度的增加，腰头上围线与实际人体差会逐渐增加，而直角腰头上下围线等长，只能用于人体形态要求不高的腰头（图6-2-3）。

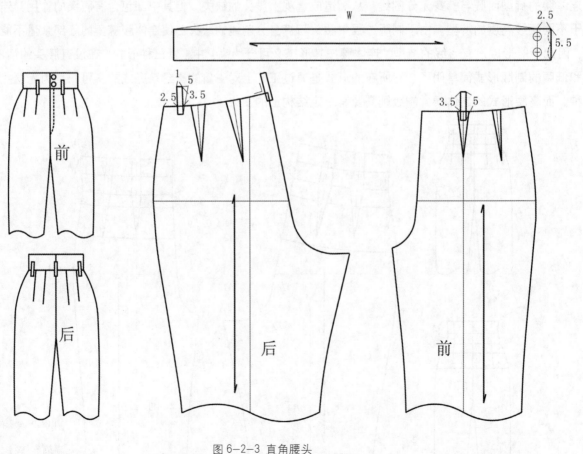

图 6-2-3 直角腰头

②中腰位宽腰头。确定腰头宽度，腰头上围线与人体实际围度相等作出高腰造型，然后将高腰中存在的省量采用纸样对调的形式完成，这样所形成的高腰无竖向拼接线（图6-2-4）。

③高、中、低腰位宽腰头。此位置的腰头因为包含了低腰位、中腰位和高腰位三个不同的腰位，腰部最细，腰围以上逐渐增宽，腰围以下也逐渐增宽，因此在此之间的宽腰头省量无法去掉，从而形成竖向省线（图6-2-5）。

④低腰位宽腰头。以低腰位为基线所做的宽腰头，若结束点在中腰位以下，制版过程中可将省量巧妙的在宽腰头中对调，从而形成完整的腰头形式。当腰围的结束点在中腰位以上时，腰围与臀围及以上尺寸差不能合理地对调，就会出现竖向拼接线的宽腰头形式（图6-2-6）。

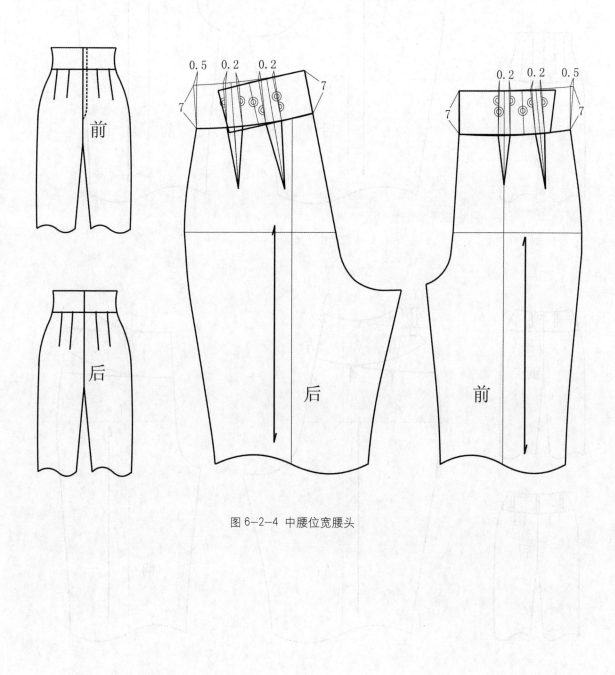

图6-2-4 中腰位宽腰头

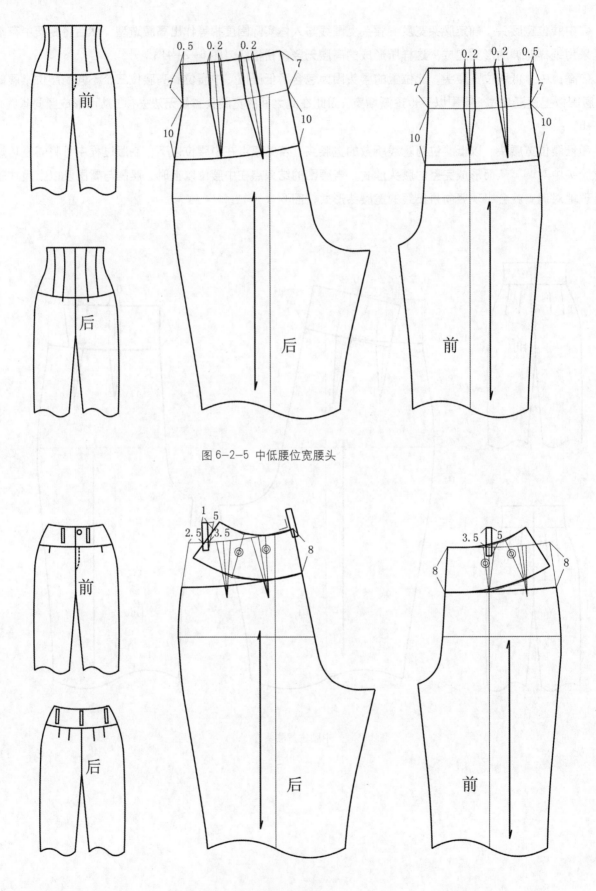

图 6-2-5 中低腰位宽腰头

图 6-2-6 低腰位宽腰头

（2）窄腰头（图6-2-7）。3cm以下的腰头属于窄腰头，这类腰头很少出现高腰裤型中，而在中、低腰的裤型较为常见，其形式精巧细致，耐人寻味。制版方法分独立制版和连体制版两种形式。

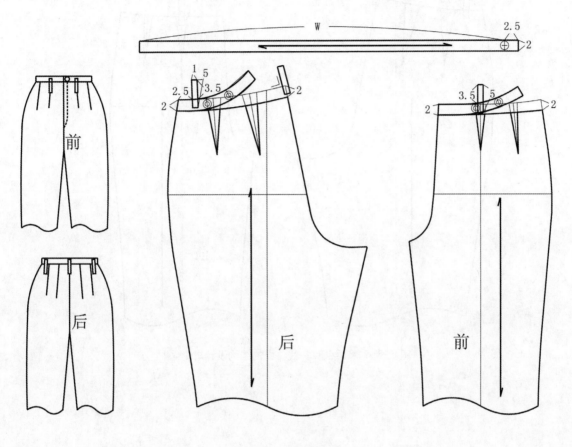

图6-2-7 分体窄腰头

（3）无腰头。无腰头的裤型设计不同于连体腰的结构设计，它多用在中、低腰的裤型中，在没有腰头的情况下，可以用45°角的斜料进行工艺上的缝制与包边。

2．裤腰头结构变化（图6-2-8）

单独将裤腰头作为裤子的一个零部件拿出来进行分析，它由上、下围线、后中心线以及叠门四部分组成，不同形式的线围绕形成裤腰头，它们在结构设计上相互协调，共同完善腰头的造型。裤腰头的上、下围线是指腰头的上下外轮廓线，上围线在形态上或直或曲，或对称或不对称，但腰头下围线由于与裤身相衔接，因此必须迎合裤身腰围线的变化。腰头叠门线较短，变化范围不大。

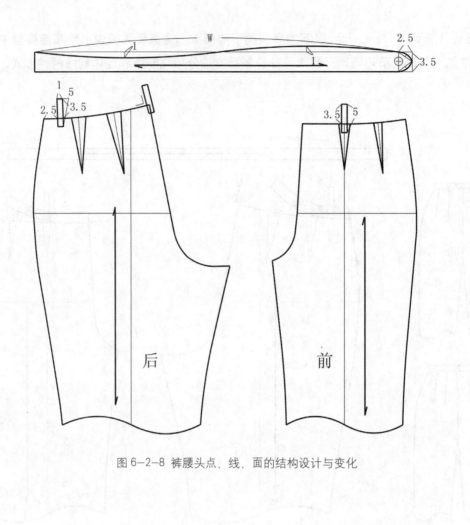

图 6-2-8 裤腰头点、线、面的结构设计与变化

第三节 裤前中心线与裤开门结构设计原理与方法

由于裤腿处结构是分开的，裤前中心线成为必然存在的结构线。根据人体腰、腹差的大小，前中心线有一定的倾斜度（在腰围辅助线和前中心线的辅助线交辅助线交点向里进 1～1.5cm）它受众多因素的影响，腰腹差的大小是前中心线倾斜的根本原因，此外，裤子的造型也起到了关键作用。一般情况下，收身的裤型前中心线倾斜度大于宽松裤型的前中心线倾斜度。

前中心线的存在不仅仅服务于裤小裆的绘制，裤开门也借助于这条结构线使裤型趋于舒适和洒脱，由于其功能性在裤原型制版时已有详细讲述，在此不再赘述。本章着重讲解作为结构线的裤中心线的位置、造型上裆的变化，同时对前中心线的裤开门的功能性和审美性进行详解。当前中心线和裤开门结合在一起时，其位置、造型等方面的变化是一致的。

一、裤前中心线

（一）裤前中心线的位置变化（图 6-3-1）

前中心线位置上的左右移动，只局限于臀围线以上部分，小裆弧线不能随前中心线的移动而移动，前中心线移动时，应遵循形式上的审美和工艺上的可实施性，有时可以与腰省相结合，将省量隐藏其中，使其具有双重功能性。

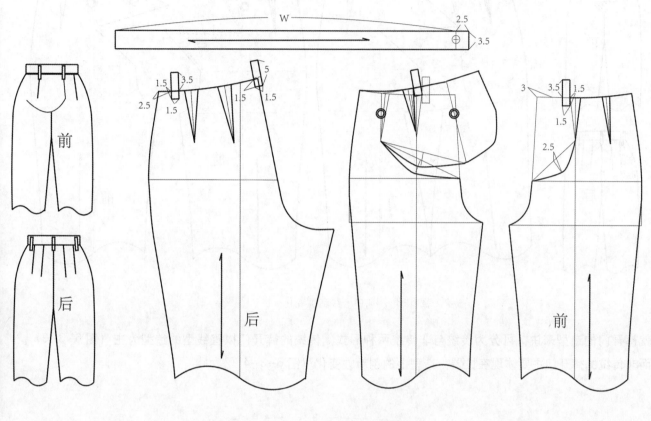

图 6-3-1 前中心线位置变化

（二）裤前中心线的造型变化（图6-3-2）

裤前中心线的造型变化形式多样，但由于前中心线具有一定的倾斜度，造型夸张的裤前中心线在左右衔接上有一定的难度，因此前中心线在结构变化之前，先将左右前裤片的前中心线对齐，然后再进行造型上的变化，以免造成款式设计与结构制版的冲突。

二、裤开门

省量将平面的面料变成了三维的服装，体现了人体凹凸有致的形态，但是也限制了穿脱的便利性。裤开门与裙开门的结构原理相同，具有调节人体造型与服装之间的功能性作用。但是由于裤子的大小裆，致使前后裤开门的长度不能像裙子一样可以贯穿整个裙身，其长度底线一般在臀围以下2cm左右。传统意义上的裤开门变化不大，多以直线条的形式出现，创新性裤开门需在满足功能性的前提下进行位置和造型上的变化。

（一）裤开门的位置变化

由于款式、面料的不同，对裤开门的位置要求也不同。一般情况薄型面料多选择侧开门和后开门，硬挺厚实的面料多选择前开门的形式。款式设计不同也是裤开门位置变化的另一个因素，或前中心线、或后中心线、或侧缝线，整体以受众穿脱习惯位置来设定。相对于裤开门的位置情感来说，侧开门传统、大方，后开门严谨、淑女，前开门则活泼、休闲、放松，有别于这三种形式的裤开门则多体现出新颖、个性的款式造型。

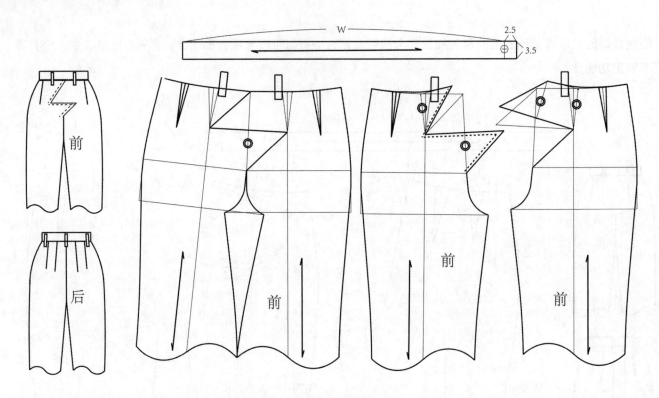

图 6-3-2 前中心线造型变化

就裤开门的造型来讲，可分为传统与非传统两种形式，传统的裤开门以直线型的造型为主（图 6-3-3）。而非传统的裤开门主要体现在位置、造型上的创新性变化（图 6-3-4）。

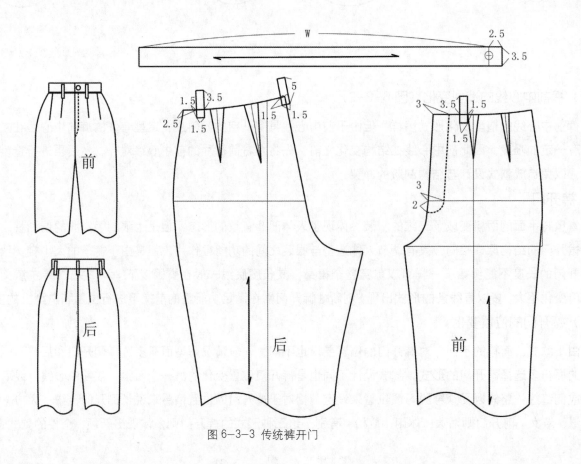

图 6-3-3 传统裤开门

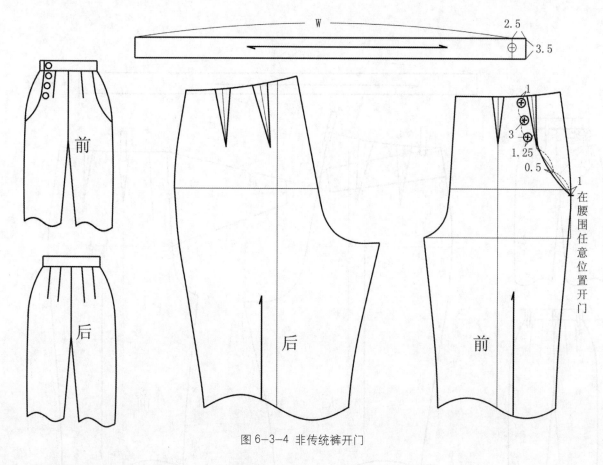

图 6-3-4 非传统裤开门

二、裤开门造型变化（图 6-3-5、图 6-3-6）

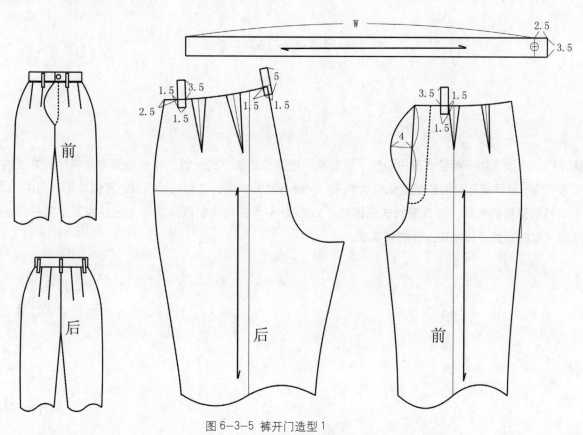

图 6-3-5 裤开门造型 1

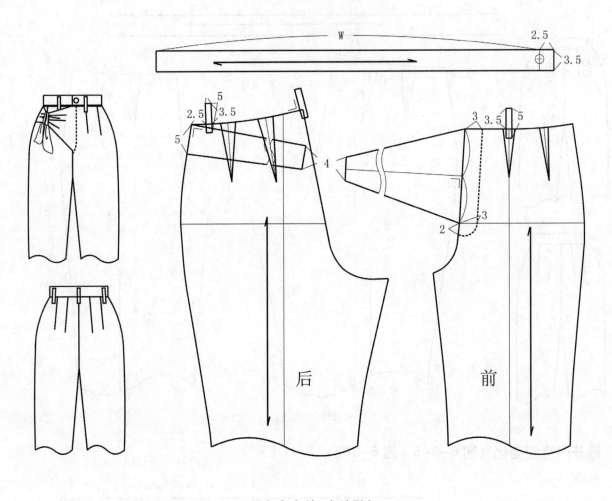

图 6-3-6 裤开门造型 2

　　裤开门的造型变化不能像裤前中心线一样随意，因为有功能性的一面，所以制版时应将穿脱方便的功能性放在第一位。因此裤开门的造型变化较为拘束，一般不做大幅度的造型设计，但是可借助裙开门的功能性，以延长或另加面料的形式，形成系扎式装饰物，如图 6-3-6 的结构制版，实际上已经脱离了前开门造型变化的范畴，以独立的个体呈现人体的腰腹部。

第四节 裤后中心线结构设计原理与方法

大小裆的出现使裤、裙的款式造型及功能彻底区别开来，后中心线成为裤装的必要构件，传统意义上的后中心线具有收取一部分臀围与腰围差量的作用，同时后中心线的倾斜度在一定程度上解决了人体后腰中线至臀部的倾斜角度，使裤型更加趋向于合体。因此，后中心线的斜度多根据人体臀部的大小和造型来确定。

后中心线的结构制版主要从裤子的功能性和审美性2个方面入手。后中心线的功能性主要指的是后中心线起翘度和倾斜度，这两个方面的制版是否准确，直接影响到裤子的实用功能，因此其结构设计较为严格；而后中心线的审美性主要指的是在满足裤型功能性的前提下所进行的造型上的改变与创新，是裤型创新性细节设计的重要部分。

一、后中心线功能性结构设计原理与方法（图6-4-1、图6-4-2）

裤子后中心线的功能性主要受后中心线的起翘度、斜度的影响，同时后裆弯线在一定程度上也对后中心线的功能性起到制约作用，人体臀部的大小、人体的活动量以及不同的裤型决定了三者之间相辅相成的合作关系。

（1）臀部大小决定后起翘、斜度、后裆弯线的尺寸。由于裤子横裆将人体两腿分开，人体活动时臀部对面料具有拉伸作用，如当人体下蹲时，后中心线受力于横裆的牵制，而造成后中心线的下移，若没有足够后起翘量，则会出现露怯现象。抛开特殊的裤型和面料的影响，人体的臀大肌的大小和造型在一定意义上决定了后中心线的起翘、斜度和后裆弯线的宽度。并使其三者之间的尺寸大小与人体臀围的围度呈正比。即当臀大肌的围度增加时，后中心线的起翘增加，后中心线的斜度增加，同时加宽后裆宽度。反之，则减少。

（2）人体活动量的大小决定后起翘、斜度、后裆弯线的尺寸。人体在日常生活中所涉及的活动量，并不会加大后起翘的尺寸和大裆的宽度，但当人体运动时，正常的裤装后起翘、大裆弯线以及大裆的宽度则不能满足人体增加的活动量，这也就说明了为什么穿着西裤不能参加体育运动的原因。为了解除一般裤型结构对人体的阻碍，多采用适当的制版措施，以便减少裤装对人体运动的限制，如加长后中心线的起翘量，适当加宽后裆宽度，增加臀围放松量，降低后中心线的倾斜度，以此来满足人体较大的活动量。当然伸缩率较强的特殊面料也可以弥补结构上对人体活动的阻碍，如高弹类面料、针织类面料等。

（3）不同裤型决定后起翘、斜度、后裆弯线尺寸的大小。后起翘加大时，整体裤型会发生根本性的变化。一般情况下，后起翘加大，臀围肥度增加、前后裆加宽以及后中心线斜度减小。按其形态可分为紧身裤、合体裤、较宽松裤和宽松裤等几种形式（图6-4-1～图6-4-3）。

（4）根据不同的裤型确定后中心线的倾斜角度。裤后中心线的倾斜角度，因裤型的不同而不同，在15：0、15：1、15：1.5、15：2、15：2.5、15：3、15：3.5的区间进行取舍，15cm是指臀围线与后中心线辅助线的交角向上测量的数据，所比的数值是以此点作的垂直线长度，比数越大，裤型合体度越大，比数越小，裤型的合体度越小，比数最大3.5cm，为紧身裤的比率，比数最小可为0，为以裙装基样为版型的裙裤装制版比率（图6-4-1～图6-4-3）。

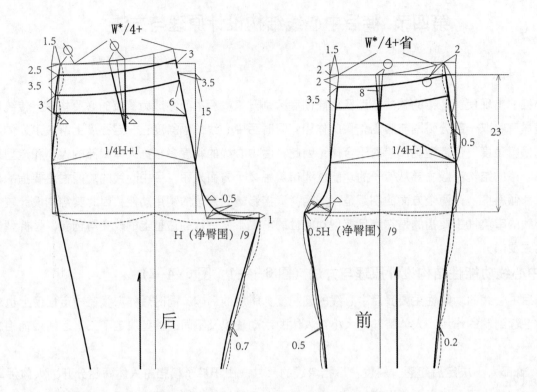

图 6-4-1 紧身裤后中心线的起翘与斜度

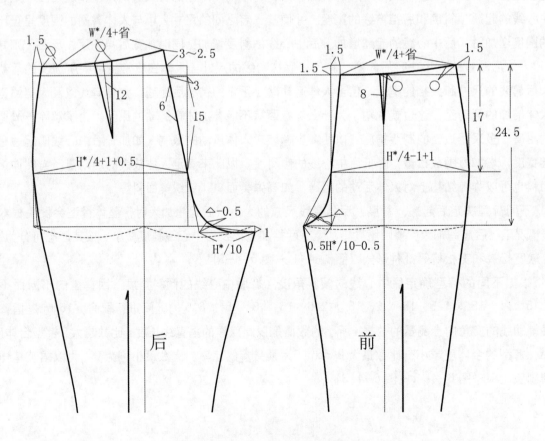

图 6-4-2 合体裤后中心线的起翘与斜度

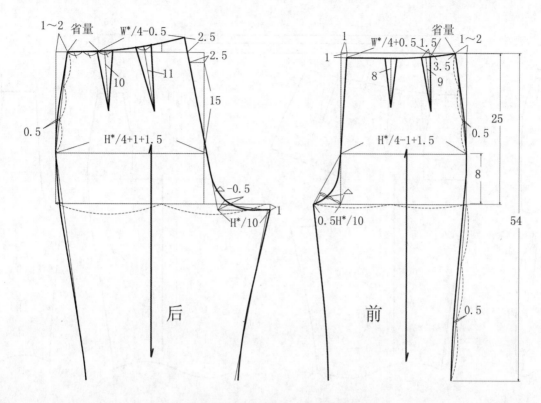

图 6-4-3 宽松裤后中心线的起翘与斜度

二、后中心线的位置和造型变化

前后中心线的位置和造型变化相同，同样因为裆的出现，使前后中心线不能随意变化，以臀围线为界，臀围线以上可进行位置造型上的变化，臀围线以下，属于大裆弯线部分，具有很强的功能性，因此不能随意变动。

（1）后中心线的位置变化（图 6-4-4）。后中心线位于人体的臀部正中，传统上后中心线的位置不会发生很大改变，创新性裤型设计往往打破传统的事物构架，将体现人体形态和位置的结构线进行移动，形成有别于常见的结构线或装饰线，从而达到意想不到的设计效果。但值得注意的是，裤子的后中心线有很大的倾斜度，若将后中心线向一侧移动后，左右后中心线对起来的面，会出现丝缕向不一致的现象，因此制版此类裤装时，最好选择没有明确图案和纹理的面料。

（2）后中心线的造型变化（图 6-4-5）。后中心线的造型变化与前中心线的造型变化相同，在不妨碍功能性的前提下，形式多种多样，或曲或直，或对称或不对称。

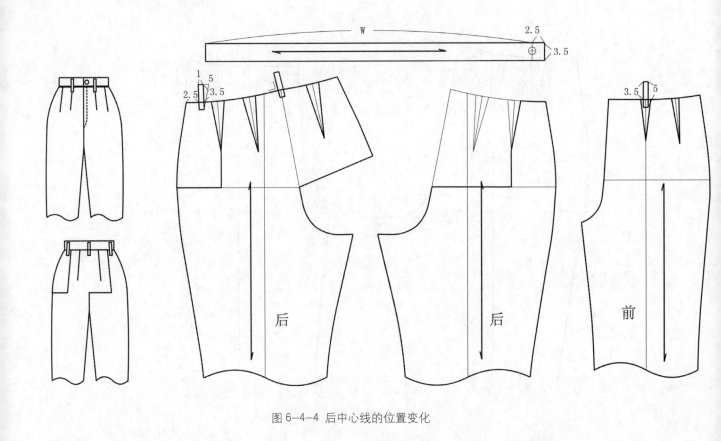

图 6-4-4 后中心线的位置变化

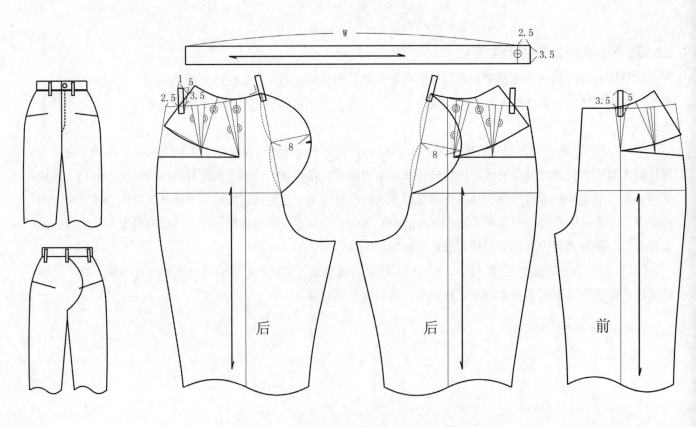

图 6-4-5 后中心线的造型变化

第五节 大档与小档结构设计原理与方法

人体下肢是一个复杂的三维立体形态，有着复杂的曲面，裤子作为包围下体的服装，结构设计应符合人体的曲面造型，裤省、前后中心线、侧缝线、大小档是裤子趋于人体化的主要裤子结构，特别是前后裤片的大小档，直接影响裤子的功能性和舒适性，是裤子结构制版的重点。

一、人体臀围、股沟特征与裤子结构关系

日常生活中人体不是静止不动的，运动者的舒适性是裤子结构制版的重点，这就要求裤子的结构设计不仅要满足人体静态下的曲面造型，还要考虑穿着者正常行走、坐、下蹲，上下楼梯等运动的舒适感。下面从人体静动状态展开分析，探讨大小档制版的功能性和原理性。

（1）人体下肢功能性分析。从人体下体的体表功能分析，腰臀腹间为贴体区，由腰头、省（褶）形成较好的贴体区，臀沟至臀底是作用区，是裤子运动功能的中心部分，相对应的裤结构即裤子的大小档弯线；臀底至大腿根为自由区，是人体下肢运动对于臀底剧烈偏移调整用空间，也是裤子大小档部结构自由造型空间。从功能的角度可以看出，腰臀部、臀沟至臀底是裤子结构设计的重点和难点，特别是女性体征凹凸较为明显。

（2）人体臀部水平断面形状体现了人体侧面的宽度，对裤子结构设计至关重要。从人体水平断面不难看出，人体腰部与臀部的差量明显，腰部和腹部的差量较小，后臀沟形态长而和缓，前腹短而急促，这就是为什么大档弯势低而长，小档弯势短而陡（图6-5-1），大小档的宽度和与人体臀围厚度吻合，小档弯线和大档弯线缝合点在人体的会阴处。

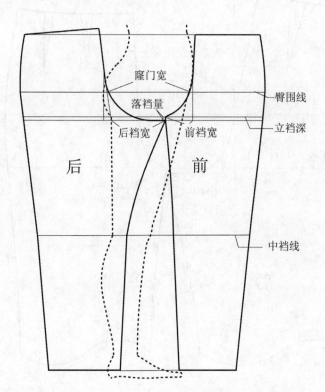

图6-5-1 前后档与人体示意图

二、前后裆结构设计原理

（1）前后裆的长度分配比例（图6-5-2）。根据人体形态与裤子造型示意图可以看出，大小裆缝合点在人体的会阴处，从前裤片覆盖于人体的腹部，后裤片覆盖于臀部看，裤子的前后裆弧线与人体的前腰腹和后腰臀及大腿根分叉形成的结构特征相似。下肢的侧面腰、腹、臀至股底呈前倾椭圆形，以耻骨联合处作垂线，形成前后裆弧线。前后裆弧线的形成取决于前后裆宽的结构，前后裆宽和，称之为总裆宽，又叫裤窿门，与人体腹臀宽相吻合，通常总裆宽 =1.6H*/10，前后裆宽比例1：2，也就是说前裆宽占总裆宽的1/3，后裆宽占总裆宽的2/3。前裆宽0.5H*/10-0～1cm，后裆宽为H*/10-0～1cm，后裆倾斜底线宽为0.1H*/10。值得注意的是，前后裆宽为人体形态和人体活动量服务只是一个方面，不同的裤型对前后裆宽设计也各不相同，应根据裤款的要求具体进行松量的添加。

（2）前后裆的长度变化。一般情况下，大裆与小裆的长度根据人体臀围的大小而进行适当的大小变化，但特殊的裤型也会相应地改变大裆和小裆的长度。如裙裤的大小裆的长度与裤子的大小裆长度有明显的差别，相对来说大裆和小裆都较长，且大小裆之间的差不大；又如紧身牛仔裤的大小裆相对而言较短。

（3）前后裆深的尺寸设定。前、后裆深决定了裤子的功能性，通常情况下，裤子的裆深根据人体腰部到臀股沟的距离，即股上长的尺寸确定。当在特殊的裤型结构设计需要将裆深加大时，臀围应相应加大弥补深裆对腿部活动的阻碍。如拉裆裤。当裆深超过髌骨线时，髌骨线以上与裙装相似，臀围尺寸要加大。相反，裤子功能性受限，从而妨碍人体正常活动，使裤子的功能性降低。

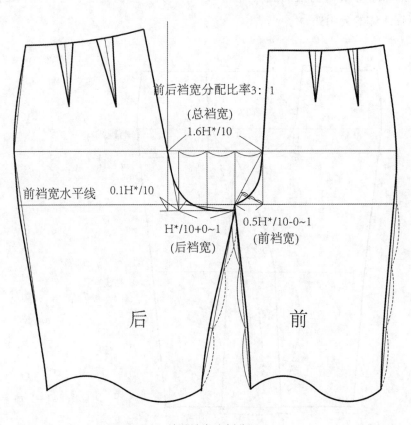

前后裆宽分配比率3：1
（总裆宽）
1.6H*/10

前裆宽水平线　0.1H*/10

H*/10+0～1
（后裆宽）

0.5H*/10-0～1
（前裆宽）

后　　　　前

图6-5-2 前后裆宽比例分配

(4) 落裆量（图 6-5-1）。后裆深度在前裆深的基础上下降 0.5～1.5cm 的推荐数据，它是由裤腿的肥瘦程度和大小裆的宽度决定的，由于后裤片的后裆大于前裆，因此在较瘦裤腿的影响下，前裆与中裆的曲线连接必然长于前裆与中裆连接的长度，通过尺寸下降来弥补裤子前后内侧缝线之间的长度差，当前后内侧缝线等长时可无需下降尺寸，即前后下裆内缝线长度差越大，落差量越大，反之，则越小。

(5) 前后裆弧线长及形态。裤裆宽应大于人体的净裆宽，下裆线夹角的合并在一定程度上对大腿根部有一定的影响，裆宽过窄会迫使裤片后中心线的结构线紧贴在人体臀部，并勒入臀沟；过长则会导致裆位下降，加深裆位。前后裆弧线不完善也会导致臀沟至后裆斜线形成多余的褶皱以及前腹与大腿根处的多余量，影响裤型的整体效果。因此，科学、合理的前后裆弧线不仅能给人体带来舒适感，更能塑造出好的裤型。

对于大小裆的长度设定与比率设定不是孤立存在的，它与后中心线的倾斜角度、起翘尺寸等有着密切的关系，它们随着人体造型的变化、裤型设计的要求进行相应地尺寸变化和造型上的调整，它们之间的关系是相辅相成的，缺一不可，这也是决定裤装结构设计功能性的关键。

第六节 裤内外侧缝线结构设计原理与方法

　　裤子的侧缝线主要包括外侧缝线和内侧缝线两个部分。裤子的内外侧缝线是裤子重要的结构线，这两条结构线不仅体现了裤子的功能性，更是结构设计较宽泛的结构线，科学合理的裤内外侧缝线结构设计不仅能提升裤子的舒适性，更能提高其审美性，为裤子的创新性结构设计提供了广阔的平台。

一、外侧缝线

　　裤子外侧缝线的结构设计与裙子侧缝线的结构设计制版原理与方法相似，都是前后片的分界线，因此侧缝线的位置决定了前后裤片的大小。侧缝线需要经过人体的胯部，而胯部的凸起与侧腰围的凹陷形成鲜明对比，因此，此处即使没有侧缝线的出现，也应有省量将胯部与腰部的尺寸差合理地收掉，同时将侧缝线上升一定尺寸，进行两者之间尺寸差的调节，通常情况下，此处所上升的量应根据胯部凸起与腰部凹陷的尺寸差来决定，是侧缝线起翘尺寸多少的重要因素之一。裤子侧缝线结构设计与变化主要从位置、造型、长短等几个方面进行。

（一）外侧缝线的结构原理（图 6-6-1）

　　侧缝线的位置多选择人体侧面的中心线，但人体下肢是一个复杂的曲面形态。在腰部，后腰下凹，而前

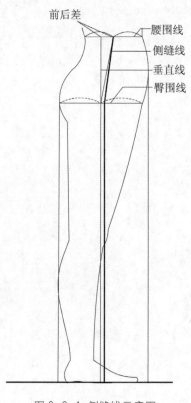

前后差　　腰围线
　　　　　侧缝线
　　　　　垂直线
　　　　　臀围线

图 6-6-1 侧缝线示意图

腹凸起，在围度上，后腰明显小于前腹。而臀围处，人体臀部凸起明显大于腹部的凸起。这样形成腰部和臀部前后围度差截然相反的两种情况，如果按照常规的腰围 /2 和臀围 /2，确定侧缝线的位置，那么侧缝线并不会形成视觉上的人体侧面的 1/2。鉴于此，结构制版裤侧缝线时，前 W*/4+0.5cm，后 W*/4-0.5cm，以此达到腰围处侧缝线视觉上的中心位置。而臀围处则采用前 H*/4-1cm，后 H*/4+1cm，来满足臀大于腹的量差，达到侧臀围处视觉上的中心线位置。当然，侧缝线的设定也不是一成不变的，比如创新性裤型设计，会重新设定裤侧缝线的位置，但侧缝省位不变。或前移，或后移等。

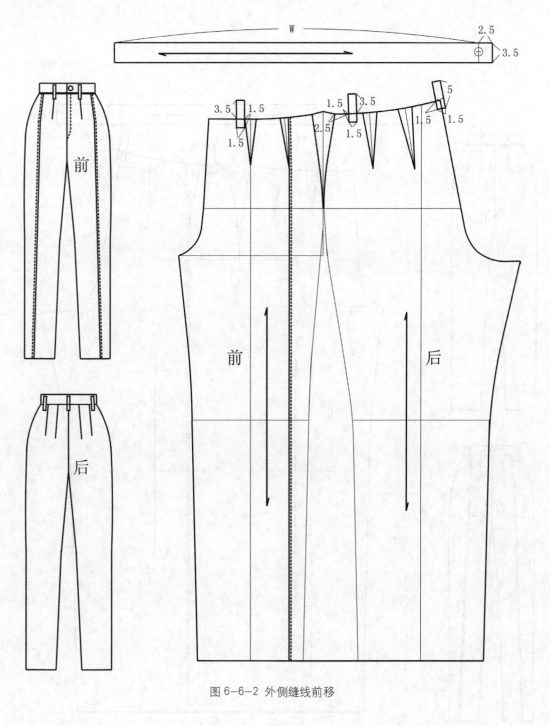

图 6-6-2 外侧缝线前移

（二）外侧缝线位置变化（图6-6-2～图6-6-4）

可将裤装的侧缝线移至前裤片的任何一个位置，当侧缝线偏离了传统意义上的位置时，其胯部与腰部之间的差仍然存在，并不能随着侧缝线的移动而移动，而是以省的形式出现。同时臀围线、髋骨线和裤口线之间的关系也发生变化，原本的侧缝处以直线条出现，因此此类裤型多选用直筒裤型。当然如果选用锥形裤，或喇叭裤，要先将具体裤型制版完成，在进行侧缝线的对调，侧缝线无法对调的量，要在移动后的结构线中减去或增加（图6-6-4）。

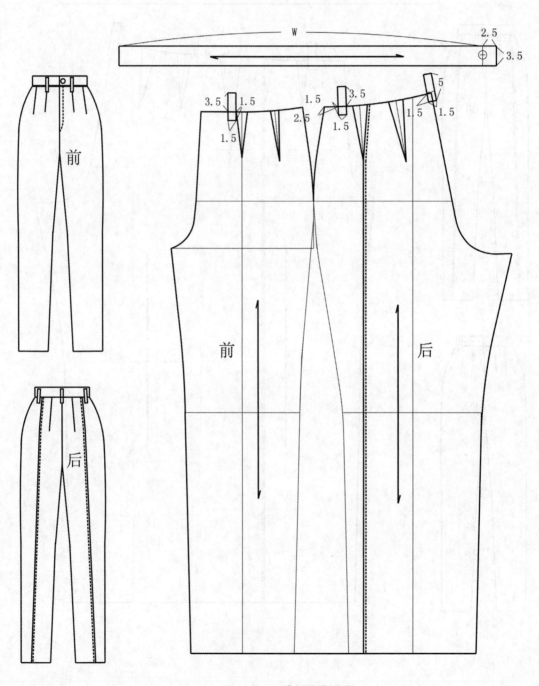

图6-6-3　外侧缝线后移

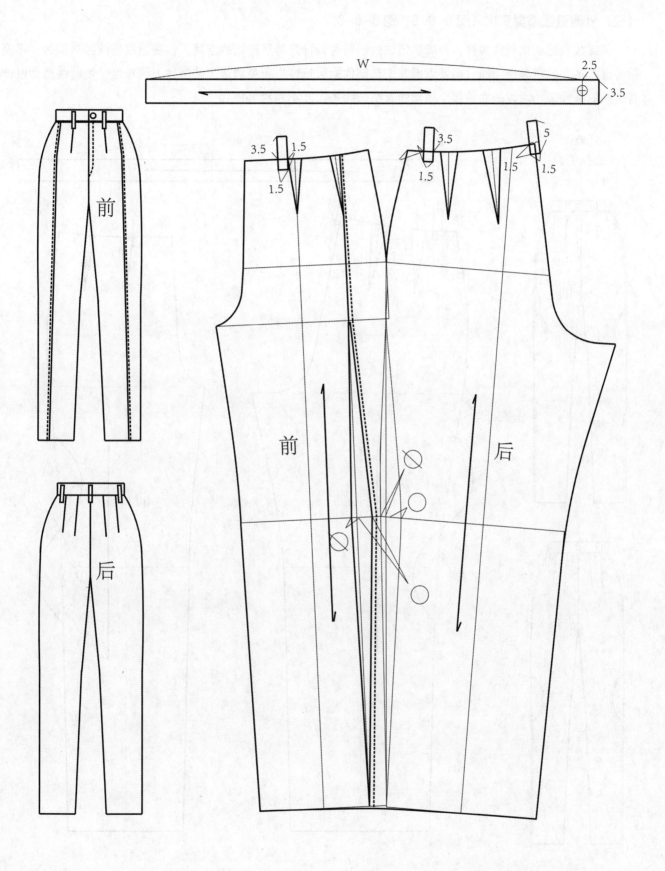

图 6-6-4 不改变裤型的外侧缝线前移

（三）外侧缝线造型变化（图6-6-5、图6-6-6）

　　侧缝线造型变化形式多样，为裤装领域的创新性设计开辟了广阔的空间，但在选取侧缝线造型时，不仅要考虑其造型的审美性，而且也要考虑其工艺制作的可行性，以免增加工艺制作上的难度。侧缝线造型设计有传统的直线条、活泼的曲线条、另类曲直结合线条以及不对称等形式。

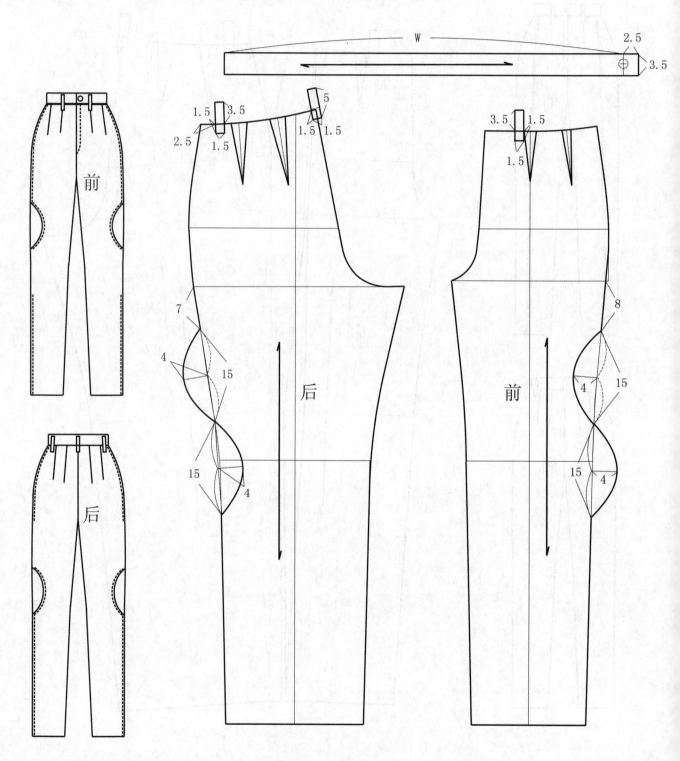

图 6-6-5　外侧缝线造型 1

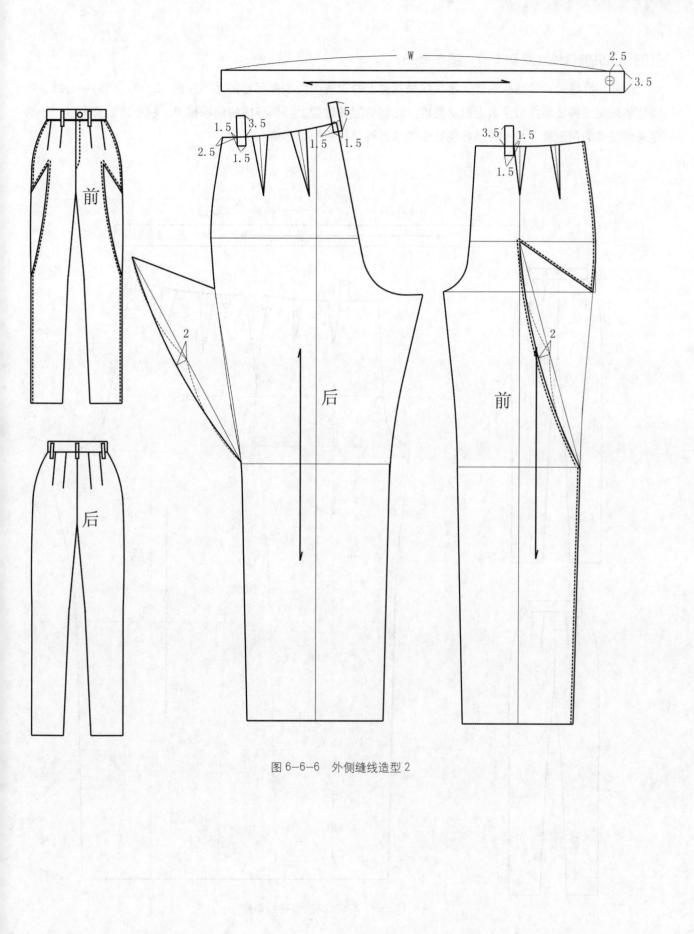

图 6-6-6 外侧缝线造型 2

（四）无外侧缝线（图6-6-7、图6-6-8）

　　无外侧缝线的裤装结构设计，不仅仅是视觉上的没有，而是真正意义上不存在，它通过前后中心线、内侧缝线来完成裤装制作与穿着上的功能性。此种裤型在造型上与侧缝线的偏移相同。制版方式有两种，一种是有侧缝省的筒形裤，另一种是将侧缝省转移到裤口线里的阔腿裤。

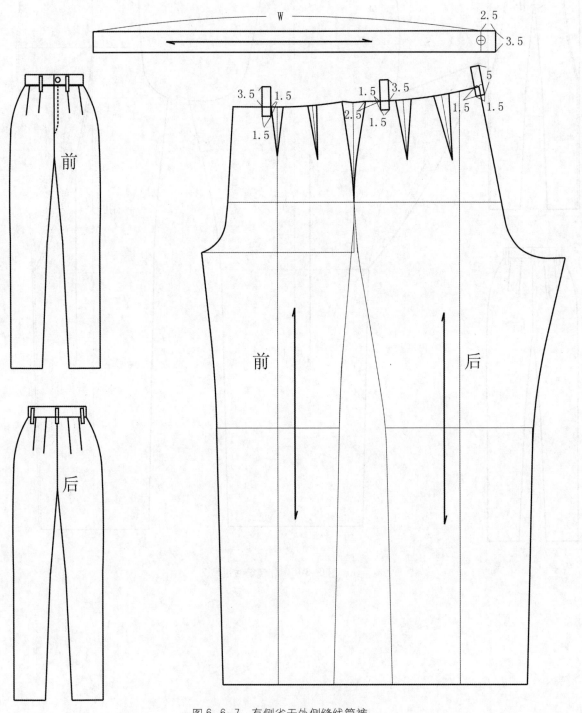

图6-6-7　有侧省无外侧缝线筒裤

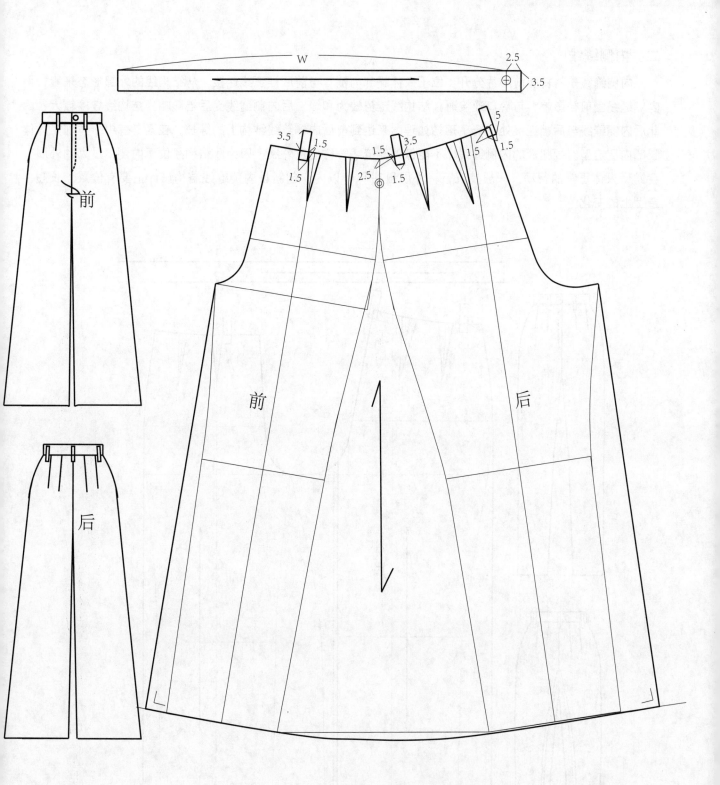

图 6-6-8 无侧省无外侧缝线阔口裤

二、内侧缝线

内侧缝线是将裤腿前后片分开，位于人体腿部内侧，与前后裆弧线连接，从结构线的外部形态来看，前内侧缝线受前裆影响，与裤口连接时，结构线走势较为和缓，后内侧缝线受后裆影响，结构线坡度较大，因此后内侧缝线与后裆连接处进行了落裆处理，来达到前后内侧缝线结构上的等长。在紧身裤中，体现了人体腿部内侧造型。阔腿裤的内侧缝线，不能像外侧缝线一样任意外展，因为此结构线位于内侧，过大的外展，会妨碍人体正常的行动，一般情况下，外展量在 5cm 以内。创新性内侧缝线结构设计主要有位置、长短、造型上的变化。

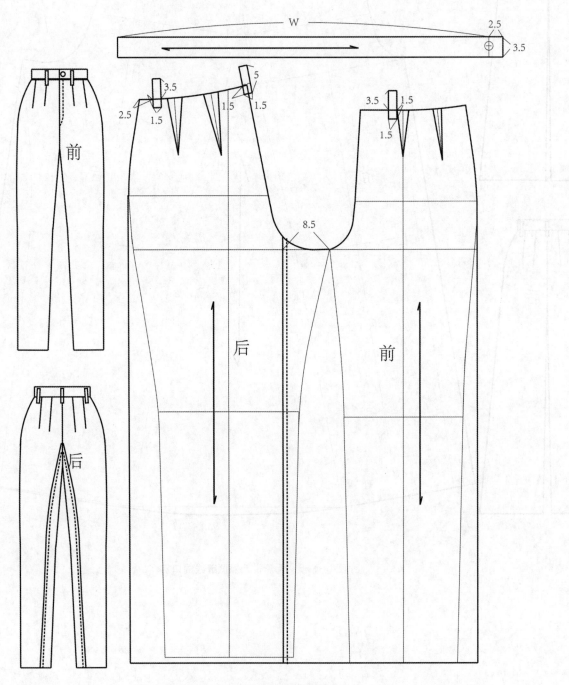

图 6-6-9　内侧缝线后移的筒裤

（一）前后内侧缝线位置变化（图 6-6-9、图 6-6-10）

前后内侧缝线是与前后裆连接的结构线，位置改变时，前后裆结合点也离开了人体的会阴处，内侧线也因为位置的移动而造成内侧缝线的外露。当然抛开传统的结构线位置，内侧缝线的位置可以根据设计要求进行变化。以内侧缝线后移为例，制版方法如下：

（1）将前后裆对齐，以前裤口线为基线修正前后裤口线。

（2）确定内侧缝线移动的位置（可根据设计要求进行设定），直线连接裤口线。

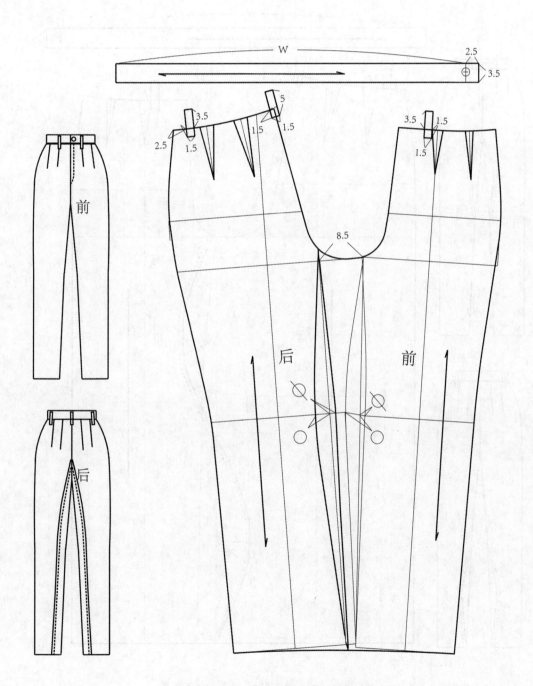

图 6-6-10　保留原裤型的内侧缝线后移

（二）内侧缝线造型变化（图6-6-11、图6-6-12）

前后内侧缝线的造型变化与前后外侧缝线的造型变化相同，造型上或直或弯曲，或对称或不对称，在改变其外部表征形态的同时，对裤子的功能性影响不大。因此恰当地运用前后内侧缝线的造型变化，为裤装结构创新开辟了新的设计空间。但是前后内侧缝线位于裤腿的内侧，不是很夸张的形态很难引起大众视觉的注意，而造型过于夸张，又极易造成工艺上的制作难度，因此设计时，一定要权衡利弊，寻找最佳的创新点，力求前后内侧缝线结构设计实用又新颖。造型变化分为保留原裤型的造型变化和筒裤类前后内侧缝线造型变化。

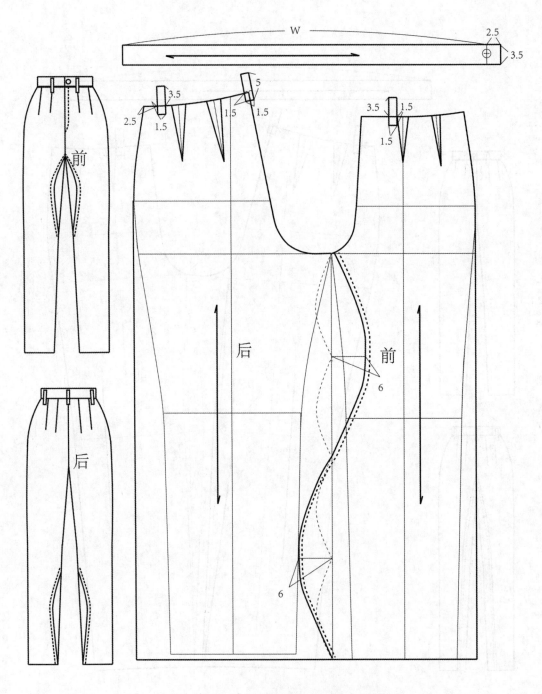

图6-6-11　内侧缝线造型变化的筒裤

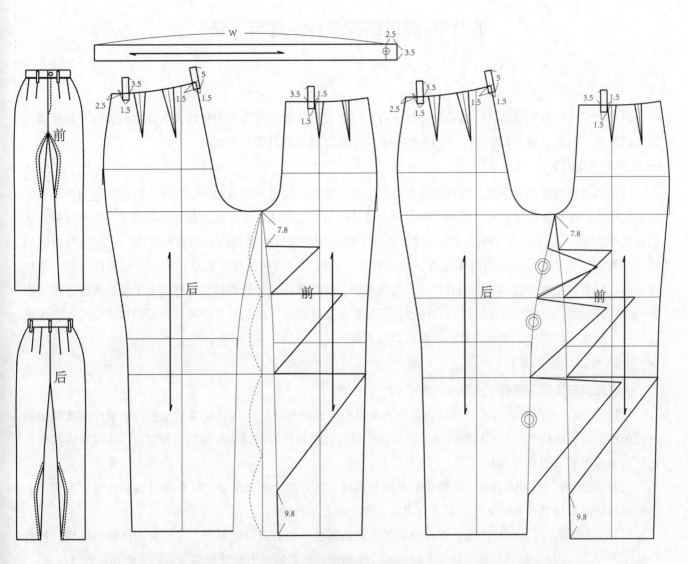

图 6-6-12 保留原裤型的内侧缝线造型变化

第七节 裤口结构设计原理与方法

裤口线作为裤身的结束线，其结构设计多样，或直或弯，或对称或不对称以及装饰物的添加，都是裤口设计的重点。从裤口线的形态上可分为直线型裤口和非直线型裤口两种形式。

一、直线型裤口

此类裤口结构设计属于较为传统的裤口造型，由于其裤口线条平滑流畅，在外观上呈直线造型而命名。结构制版规则应以侧缝线与裤口线的交角造型为设计要点，通常情况下，此交角为直角造型，因此当裤口线的长度增加到一定程度时（如超过裤口肥度的最大值，即超过单片裤片结构的臀围宽度），应将裤口线起翘一定数据，使侧缝线与裤口线相垂直（图6-7-1）；反之，当裤口线的长度小到一定程度的时候，也应延长裤口线寻找与裤口线相垂直的点，并用曲线划顺，只有这样才能达到裤口线视觉上平顺的直线效果（图6-7-2）。当然，侧缝线与裤口线的交角也并不是只有直角形式才被认可，很多情况下的侧缝线与裤口线相交即可，从直观的效果上也具有直线条的裤口线效果。

（一）大裤口（图6-7-1）

大裤口裤子主要有筒裤、大口裤、喇叭裤三种形式。

（1）筒裤。一般前后裤片外侧缝线以臀宽引出与挺缝线相平行的结构线至裤口长，前后内侧缝线以前后裆长引出与挺缝线相平行的结构线交于裤口线，前后侧缝线和内侧缝线与裤口线呈直角，前面在讲其他实例时有类似制版（图6-6-8）。

（2）肥腿裤。也叫大口裤，是将前后裆和臀围线为基点向外展开的裤型，外侧缝线展开量可大可小，内侧缝线展开量控制在5cm以内，前文有具体实例，在此不再赘述。

（3）喇叭裤。是髌骨线内收，髌骨线以下外展的裤型，喇叭口可大可小，为迎合人体脚部结构，前裤口线上升0.5～1cm，后裤口线下降0.5～1cm，来完成前脚面的适当裸露和后脚跟适当遮挡的效果。

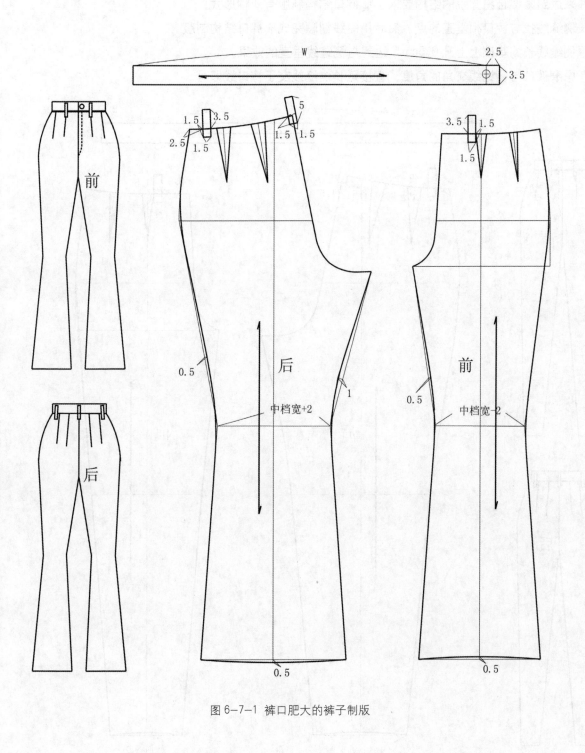

图 6-7-1 裤口肥大的裤子制版

（二）窄裤口（6-7-2）

窄裤口又称锥形裤，裤口收缩，整体呈上宽下窄的造型，裤口收缩尺寸最小在 25cm 左右，过小的裤口会导致功能性丧失，因此，对于特殊要求的窄裤口，会借助衩口的形式来满足裤口的紧窄效果，也或钉装拉链、纽扣等配件来达到紧窄且易穿脱的结构要求。窄裤口结构制版有 3 种形式。

①延长侧缝线找与裤口相垂直的点，然后用曲线划顺完成窄裤口结构制版。

②在原侧缝线长的基础上上升 0.5cm，达到与侧缝线垂直的效果。

③不考虑窄裤口与侧缝线交角的角度，直接延长侧缝线交于裤口线即可。

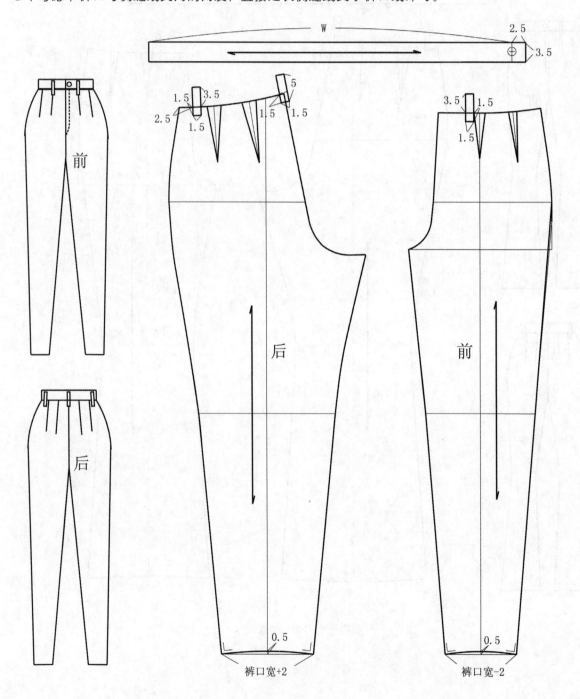

图 6-7-2　窄裤口

二、非直线型裤口（图 6-7-3 ～图 6-7-5）

裤口线结构线的造型在视觉上偏离了直线裤口线的平滑流畅，或弯曲、或直曲结合、或前后不对称、或裤口线与侧缝线不垂直等。这种反传统的造型模式，为裤装的创新性设计创造了条件。

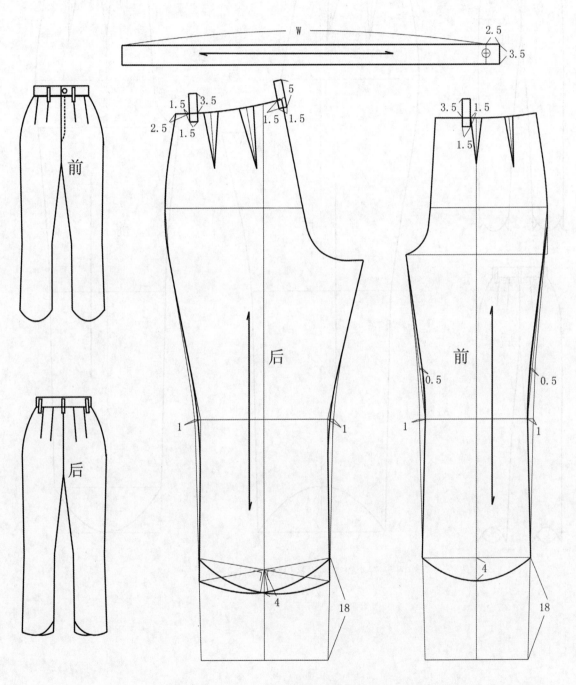

图 6-7-3 非直线型裤口结构设计 1

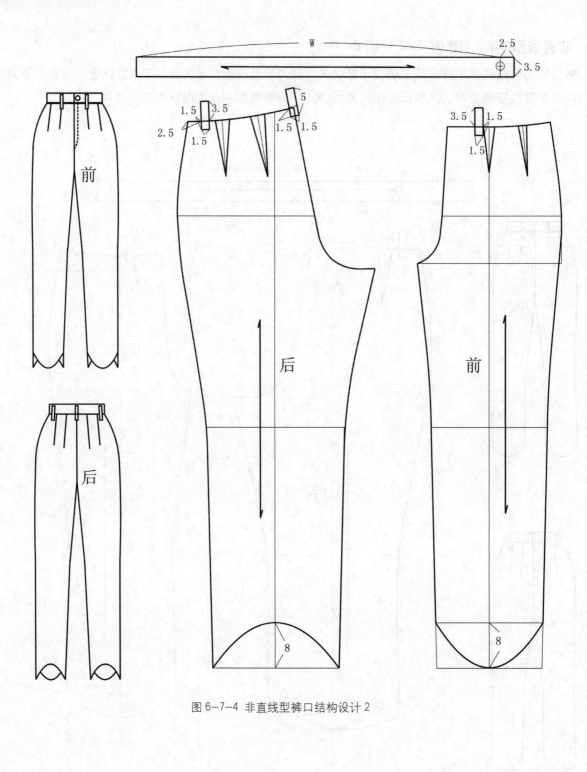

图 6-7-4 非直线型裤口结构设计 2

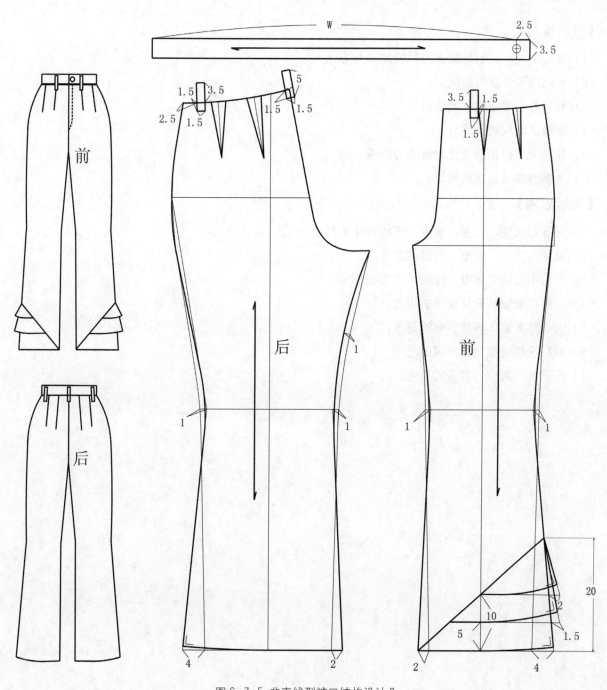

图 6-7-5 非直线型裤口结构设计 3

185

【课后练习】

（1）分析不同形式的裤腰省的制版原理与方法。

（2）不同腰头分析与制版。

（3）前后中心线结构制版练习。

（4）侧缝线结构制版练习。

（5）分析大小裆长度变化对裤装的影响。

（6）内侧缝线结构制版练习。

【课后思考】

（1）对省尖长度、位置、多少、形状设定的思考。

（2）对腰头宽窄、造型、位置的思考。

（3）对前中心线倾斜度、位置、造型的思考。

（4）对前后侧缝线变化规律的思考。

（5）大小裆对整体裤型影响的思考。

（6）前后内侧缝线变化形式的思考。

（7）不同裤型对裤口要求的思考。

第七章 裤腿结构设计原理与方法

【学习内容】

（1）裤腿线的制版原理方法。

（2）裤腿面的制版原理方法。

（3）裤腿体的制版原理方法。

【学习重点】

（1）结构线与装饰线在裤腿上的表现形式与制版方法。

（2）直面与曲面之间的区别与结构制版方法。

（3）不同体的表现形式与制版方法。

【学习难点】

（1）结构线、装饰线结构变化形式。

（2）各种形式的直、曲面结构制版方法。

（3）各种体在裤装上的结构制版与运用。

作为裤子的主要组成部分，其结构设计包含了点、线、面、体四种形式，因为裙子与裤子的结构不同，所以点、线、面、体所要表达的形式语言也不同。因此，在结构制版中，裙子与裤子有着原理相同，制版不同的特点。从裤腿的结构分析可以看出，裤实际上是点、线、面、体的结合体，不同的结构线的组合，造就了不同面的出现，面的大小决定它存在的形式是点还是面，而面的变形与弯曲又形成形态各异的体。由此可以看出，整个裤腿的结构设计实际上就是不同线的变化与设计。在满足裤腿结构设计功能性的前提下，将裤腿中所涉及的线、面、体进行分析研究，并归纳其设计的原理与技巧，从根本上完成对裤腿结构的设计与创新。

第一节 线在裤腿上的结构设计原理与方法

对于裤腿上所涉及的线，可分为结构线和装饰线两种。结构线是体现裤身造型的线，它从根本上决定裤型的外部特征，它不是可有可无的，而是必不可少的。结构线变化不能是随意的，而是有很强的目的性和规律性，它屈从于裤型的功能性；而装饰线恰恰相反，它的存在对裤型变化起不到关键性的改变作用，因此其设计在一定程度上不受裤型的限制，合理的装饰线设计，会提高裤型的审美价值，是裤子结构设计中不可或缺的一部分。从线的设计角度分析，其变化无外乎线的位置、长短、造型以及多少的变化。

一、结构线

对于服装中的结构线来讲，主要是满足人体的功能性，它一方面服务于人体，另一方面对裤装起到塑型的作用，从根本上塑造了不同的裤装廓形，是裤装结构设计不可或缺的线。因此结构线设计的要求非常严格，不合理的结构线往往会造成服装功能性的丧失。针对结构线的设计，应遵循功能为主，审美为辅的结构设计原则。裤腿的结构线设计实际上是裤子省量横向、竖向及斜向的转移，由于其结束点不能偏离省尖的终点，而在长短和位置上受到很大的局限性，整个制版原理、技巧与裤装的省量转移相同，在此不再累述。

二、装饰线

装饰线在裤装结构设计中具有装饰的效果，它在一定程度上与裤装的结构无关，它不能对裤装的整体形态和内部构造起到改变甚至影响的作用，它只是一条线段，可有可无，它存在的原因，主要取决于款式的要求和美观程度。因此，装饰线的设计相对于结构线来讲更具有灵活性，它可以在不同的位置，以不同的形态，不同的长短成为裤装结构设计的焦点。

（一）横向装饰线

横向装饰线主要存在于裤腿的侧缝线、内侧缝线以及前后中心线的位置上，有位置、长短以及造型上的变化。就三者来讲，位置和造型变化不受任何限制，但对横向装饰线的长度有一定的结构要求，贯穿整个裤身的装饰线不会给裤装结构和造型造成很大的影响，但较短的横向装饰线，要考虑其结束点的形态和制版方法。由于装饰线与裤装的结构无关，不能横向贯穿裤腿的装饰线结束点不会在省尖附近，因此需通过剪刀对纸样进行剪切来完成装饰线的制版，但却极易造成裤身某部位的不必要凸起，影响裤装造型。针对这一问题，装饰线的打开量尽量小，对所形成的装饰尖，需通过成衣的后处理熨烫平整。

（1）横向装饰线的位置变化（图7-1-1）。由于装饰线不能对裤装结构起到制约作用，因此在位置选择上不受任何限制，裤子的前后外侧缝线、内侧缝线、前后中心线甚至大小裆弯线上，都可以成为横向装饰线的位置。

（2）横向装饰线的长短变化（图7-1-2）。裤装中的横向装饰线的长度可长可短，长则贯穿整个裤腿，短则以活褶的形式出现。

（3）横向装饰线的造型变化（图7-1-3）。横向装饰线的造型受装饰线的长度影响很大，贯穿于整个裤腿的横向装饰线，其在造型上的取舍没有特殊的要求和限制。而对于结束于裤腿的横向装饰线，因受打开量的尺寸限制而对其线的造型要求较高，造型幅度较大的线虽然在理论上可以实施，但工艺上是无法完成的。因此，这类横向装饰线多选用直线的形式完成。

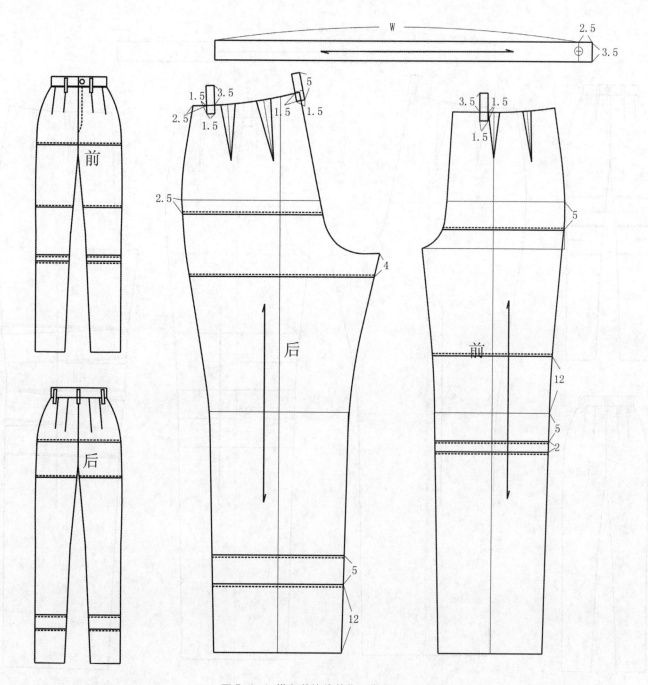

图 7-1-1 横向装饰线的位置变化

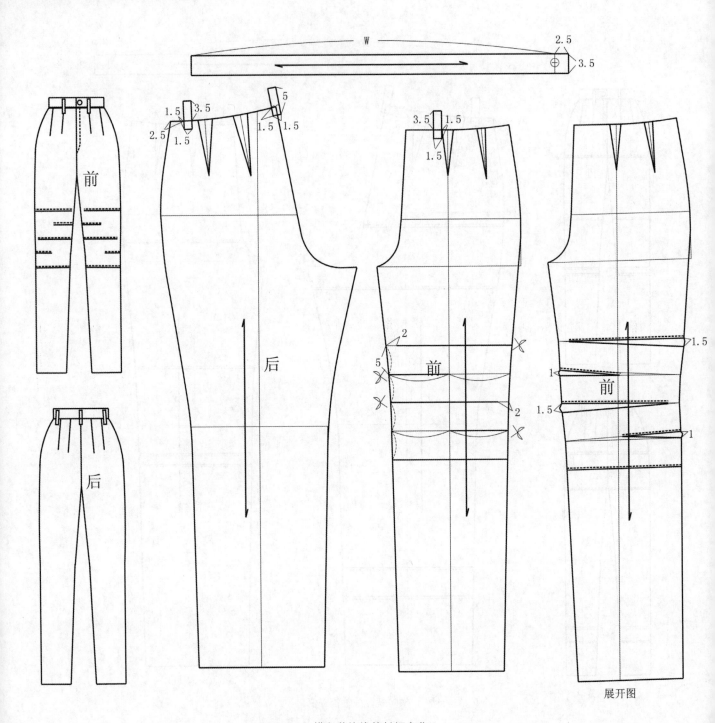

图 7-1-2 横向装饰线的长短变化

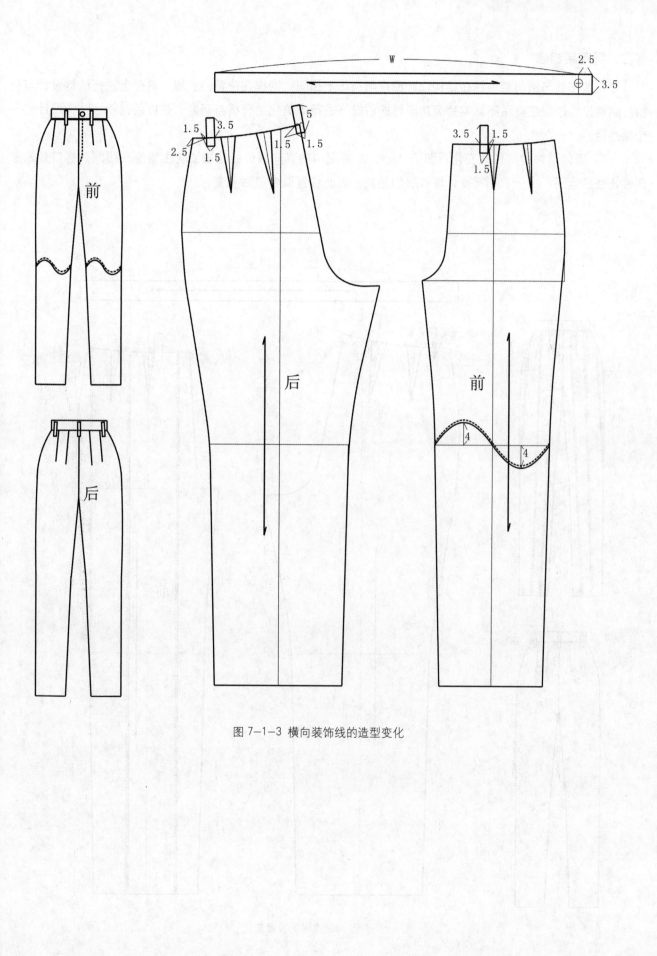

图 7-1-3 横向装饰线的造型变化

（二）竖向装饰线

竖向装饰线与横向装饰线在结构设计原理与技巧上相同，同样在位置、长短、造型上进行结构设计与创新。结构设计过程应遵循不影响裤装功能性的前提下进行审美化的分析与研究，是裤装创新性结构设计的一个新途径。

（1）竖向装饰线的位置变化（图7-1-4）。裤腿中的竖向装饰线位置变化主要是在腰围、裤口处的竖向装饰线的运用，由于它不需要体现裤装的结构，因此位置取舍灵活多变。

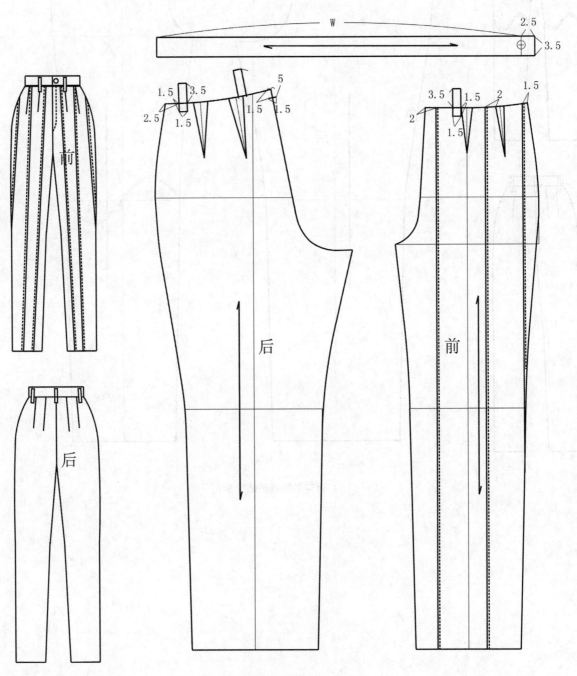

图 7-1-4 竖向装饰线的位置变化

（2）竖向装饰线的长短变化（图7-1-5）。竖向装饰线的长短取舍与横向装饰线相同，没有贯穿于整个裤长的竖向装饰线，必然会在装饰线的结束点处出现不必要的凸起，从而造成外观效果的不良影响，为避免这类情况的发生，对于较短的竖向装饰线，打开量要小，并通过裤子后整理加以完善。

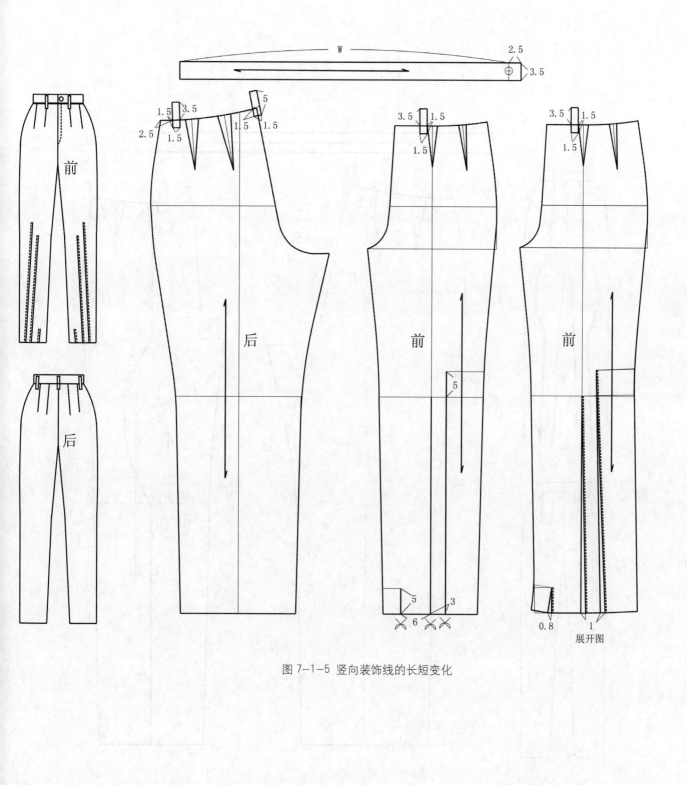

图7-1-5 竖向装饰线的长短变化

(3) 竖向装饰线的造型变化（图7-1-6）。对于贯穿整个裤长的竖向装饰线，由于不受结束点凸起的限制，其造型变化可以多种多样。但较短的竖向装饰线在选择特殊造型时，应注意造型的合理性与工艺制作的可行性。为避免不必要的凸起，打开量较小，因此，不能满足较短的夸张的竖向线造型变化。

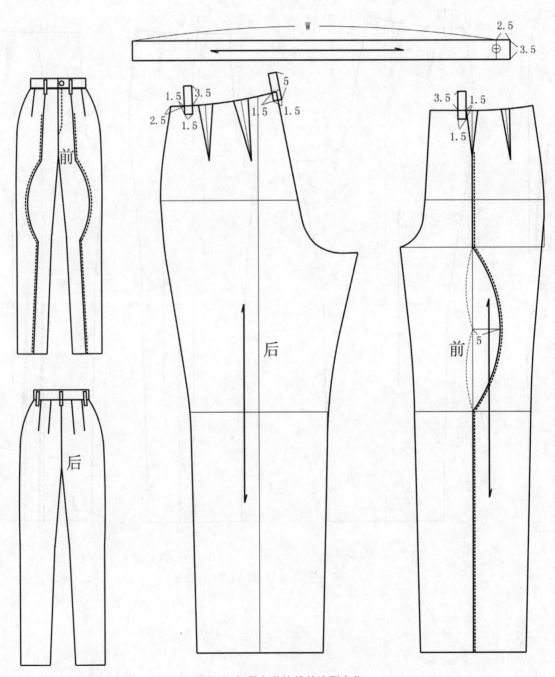

图 7-1-6 竖向装饰线的造型变化

（三）斜向装饰线

与横向、竖向装饰线的结构制版原理与设计技巧相同，不同之处在于位置与结束点的去向发生偏离，它所依存的位置更加宽泛，可在前后侧缝线、内侧缝线、前后中心线、腰围线、裤口线等任何一个位置，线段的线迹往往不会与裤型的横向丝或竖向丝相一致。

（1）斜向装饰线的位置变化（图 7-1-7）。

（2）斜向装饰线的长短变化（图 7-1-8）。

（3）斜向装饰线的造型变化（图 7-1-9）。

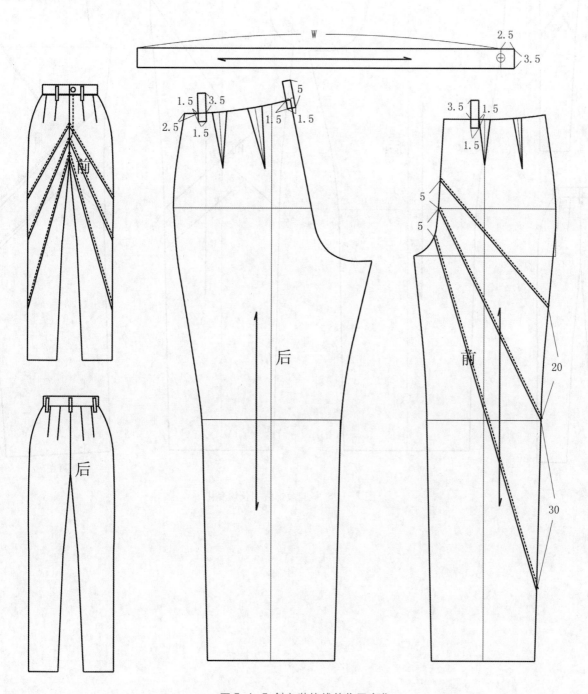

图 7-1-7 斜向装饰线的位置变化

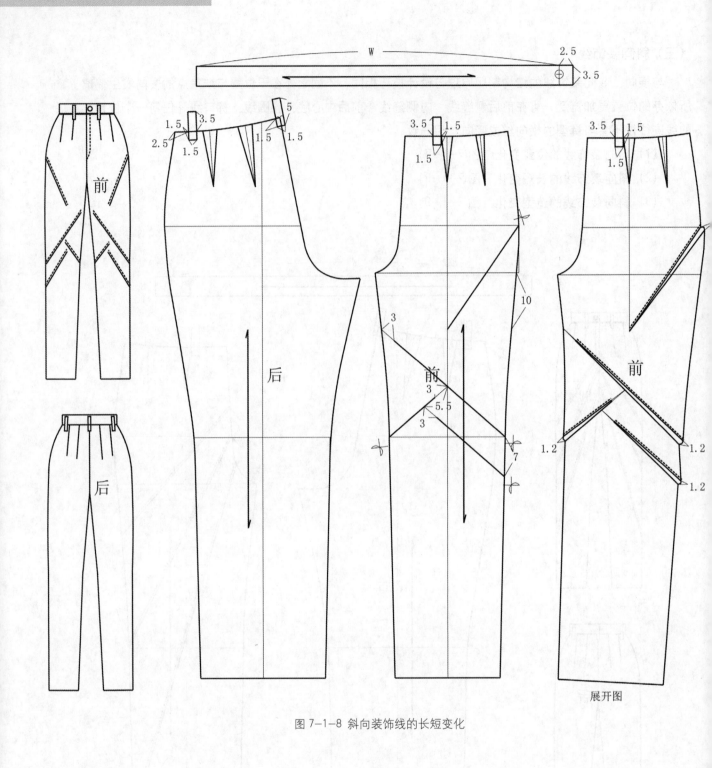

图 7-1-8 斜向装饰线的长短变化

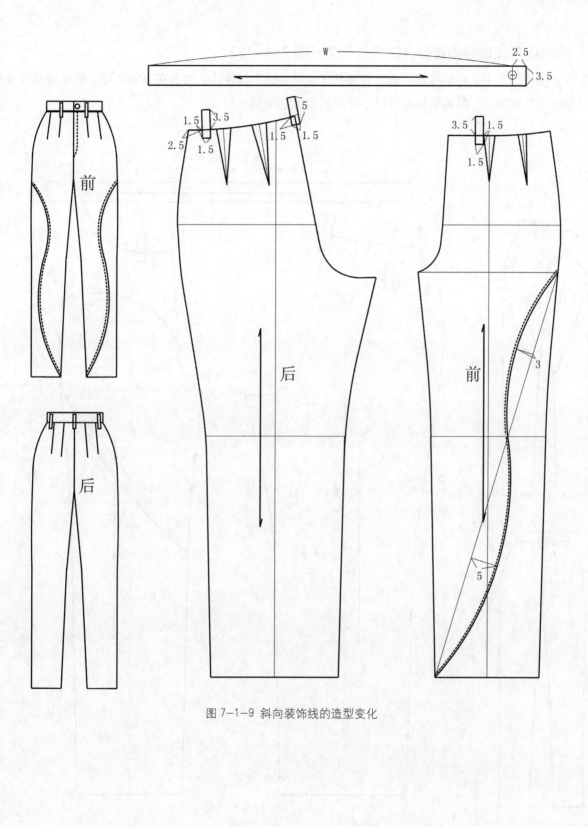

图 7-1-9 斜向装饰线的造型变化

（四）结构线与装饰线的结合（图 7-1-10 ～图 7-1-12）

在裤装结构设计中，结构线与装饰线并不是孤立存在的，两种线的结合在一定程度上既隐藏裤装省量又提高了整体造型的审美，是裤装结构设计中常见的裤装结构制版形式。

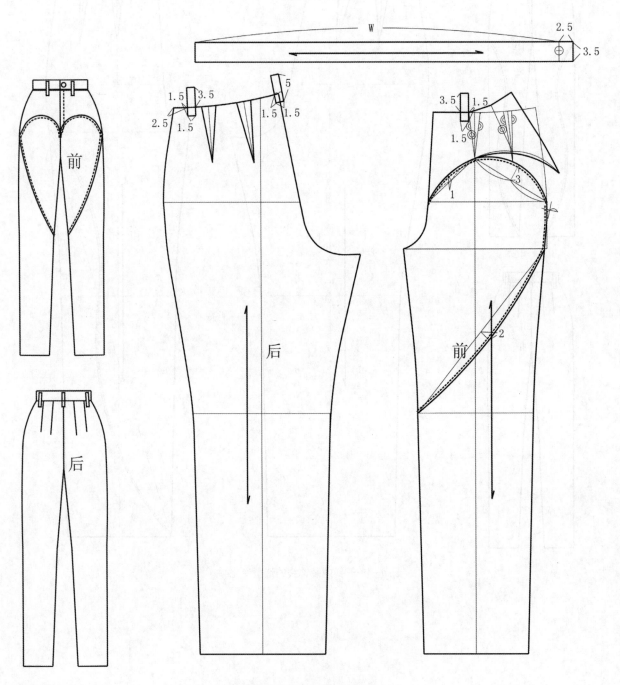

图 7-1-10 结构线与装饰线的结合 1

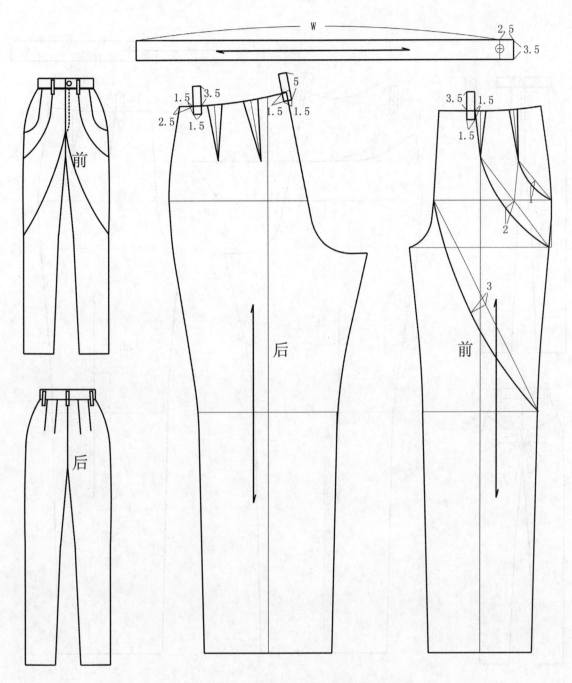

图 7-1-11 结构线与装饰线的结合 2

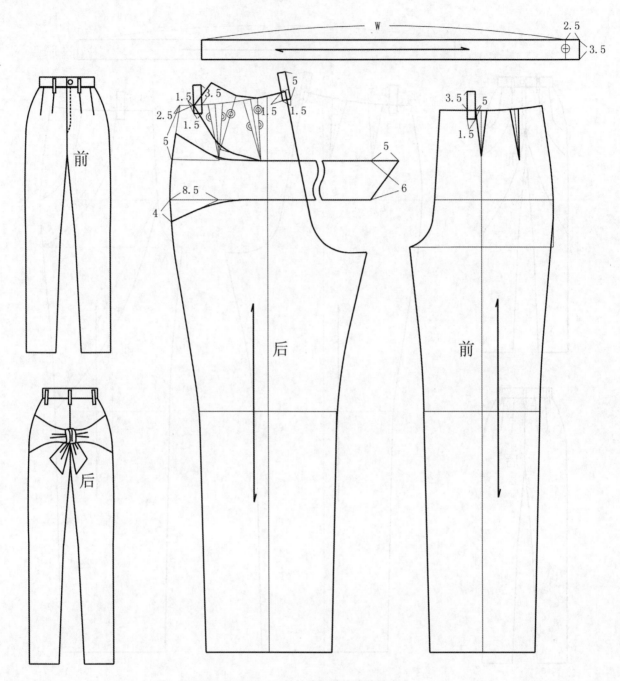

图 7-1-12 结构线与装饰线的结合 3

第二节 面在裤腿上的结构设计原理与方法

　　线的围绕与衔接造就了不同形式面的出现，它不是毫无根据的面的形式，而是既隐含功能性，又具备装饰性，同时又是不同形态的线的组合。与线相比，面的结构设计定义范围更加宽泛，它不仅仅局限于面的大小、形状以及位置的设定，而更多是从三维空间的角度重新理解面的概念与形式，因此在结构设计对面的制版原理与技巧分析研究的同时，还要考虑以立体的多维的形式出现的面，如面料二次设计对结构设计的影响。褶皱、重叠、抽丝、剪切、镶嵌等形式的工艺手法，将使面的形式更加多样化，使其以前所未有的形态服务于裤装的创新性设计。

一、面的大小变化（图 7-2-1）

　　在选择裤装结构设计面的大小时，应根据具体的结构设计审美和要求来操作，没有分割线的裤型是裤装中最大面的体现，结构线与装饰线将大面分割成小面，分割时应遵循功能性与审美性并存的原则。

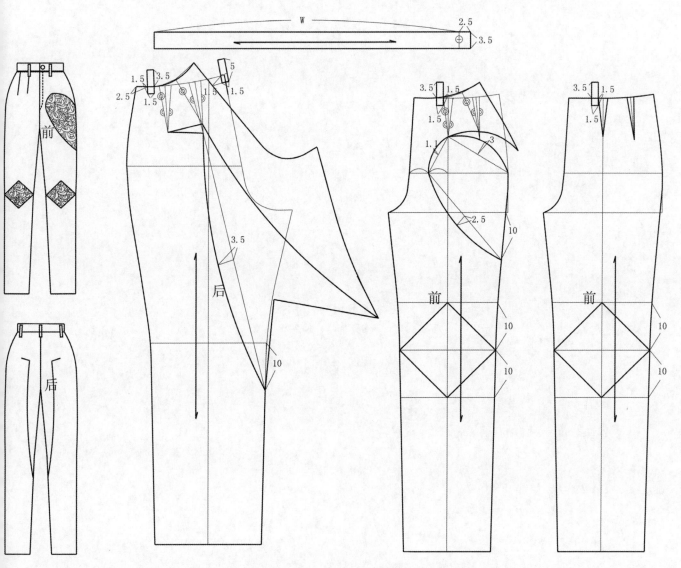

图 7-2-1 面的大小变化

二、面的造型变化

从设计的角度分析，面的造型与线的运动轨迹有直接关系，它大于点，宽于线，是线通过围绕而成的领域。从面的内容看，服装中的面有平面和曲面之分。平面依附于设计主体，不能以独立的形式存在，是服装款式中的一部分；而曲面相对于平面来说，具有一定的立体效果，是体的一部分，但又不能完全包含体的内容与含义，只能作为一个分支存在，如立体的口袋或饰物，它可以以服装为依托进行曲面的体现，也可以完全脱离服装主体，以独立个体的形式存在，成为服装饰物的一部分。

（1）平面的造型变化（图7-2-2、图7-2-3）。裤装本身就是由不同形状的面组合而成，结构线的添加从根本上实现了裤装结构面的合理性实现，而装饰线的干预则从另一个角度将裤装较大的面重新分割成具有欣赏价值的小面。由此可以看出，平面造型在裤装设计中的常见性和不可分割性，它以最为客观的形态完成裤子功能性和审美性。如平面造型中的正方形、长方形、菱形、圆形、不对称造型等。

平面造型存在的位置、大小有时与结构有关，有时与结构无关，也有时两者兼而有之。

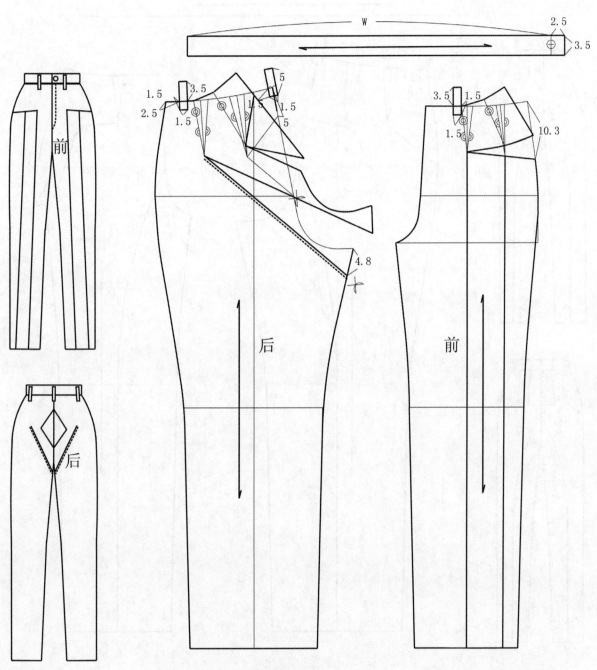

图 7-2-2 平面的造型变化 1

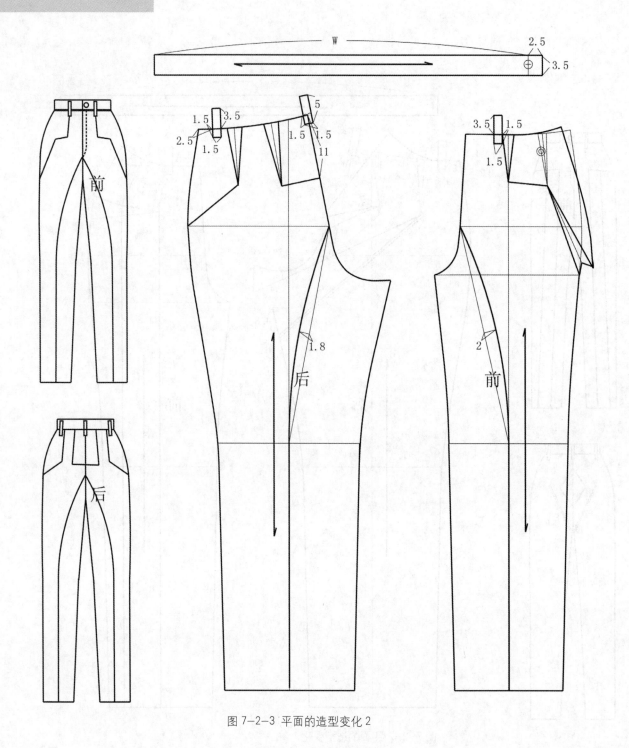

图 7-2-3 平面的造型变化 2

（2）曲面的造型变化（图7-2-4、图7-2-5）。曲面的出现进一步将人体推向三维立体的形态，从服装立体的角度分析，将人体的凹凸有致的形体体现无余的面都应属于曲面。可以理解为结构线的出现使服装更接近于人体造型，那么有这些结构线所完成的面，就是相对意义上的曲面造型。同时，它还具有独立存在的特性，使曲面可以脱离主体裤型，而以立体的形式存在于裤子的结构之上。

另一种曲面形态的产生与结构制版并无多大关联，它的形成与工艺制作的手法有关，如将面料裁剪成条状，然后通过工艺操作将其以曲面的形式出现在裤装中。这种形式对裤子的结构并不能起到至关重要的作用，也不会妨碍裤子的功能性，它只作为一种装饰，为裤子的创意性设计起到画龙点睛的作用（图7-2-6）。

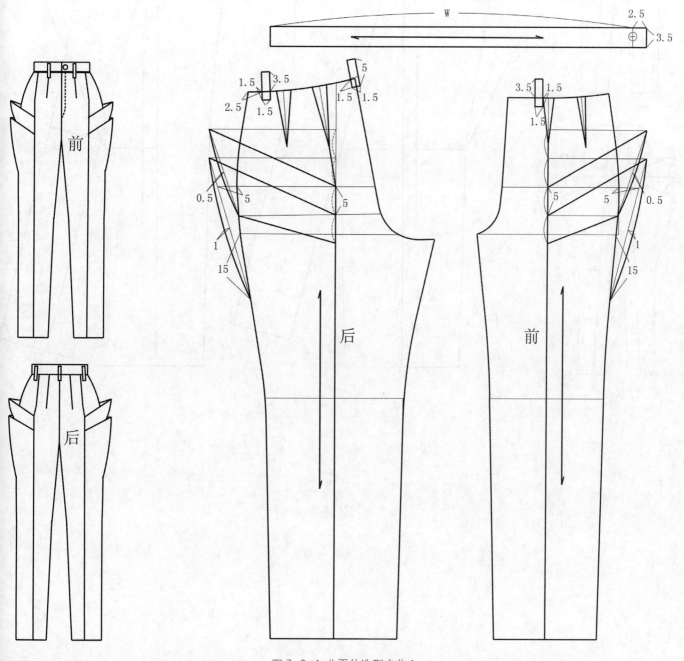

图7-2-4 曲面的造型变化1

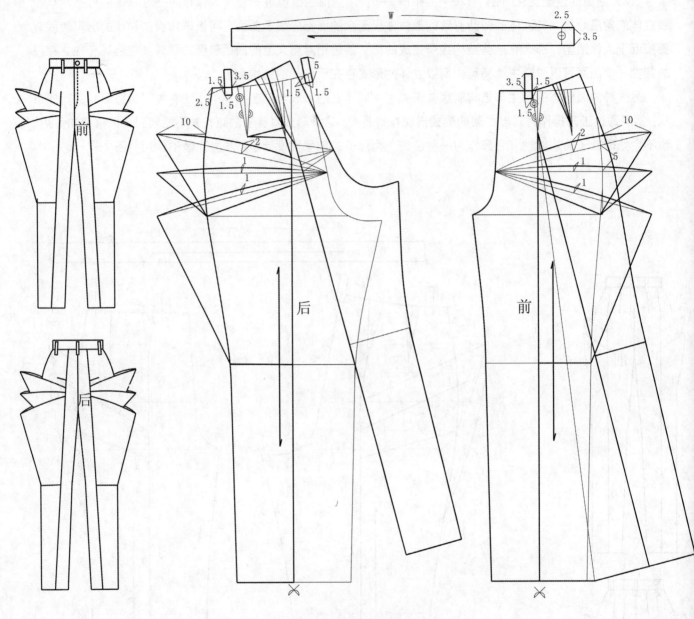

图 7-2-5 曲面的造型变化 2

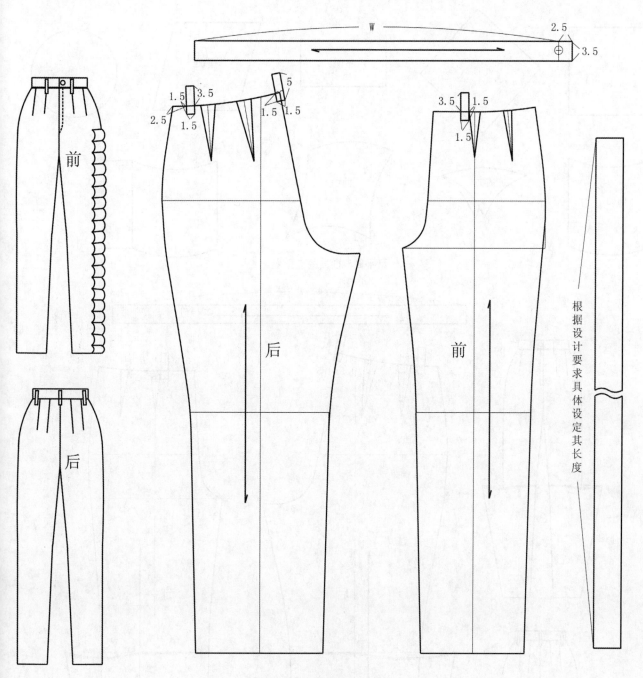

图 7-2-6 曲面的造型变化 3

（3）平、曲结合的造型变化（图 7-2-7、图 7-2-8）。平、曲面结合的形式在裤装结构设计中最为常见，如裤装侧缝所形成的曲面与裤型正面的直面，合理的曲直面的结合是裤装合理化的前提，另外，曲面独立存在的特性在与直面衔接的时候，极易形成夸张的裤装造型。

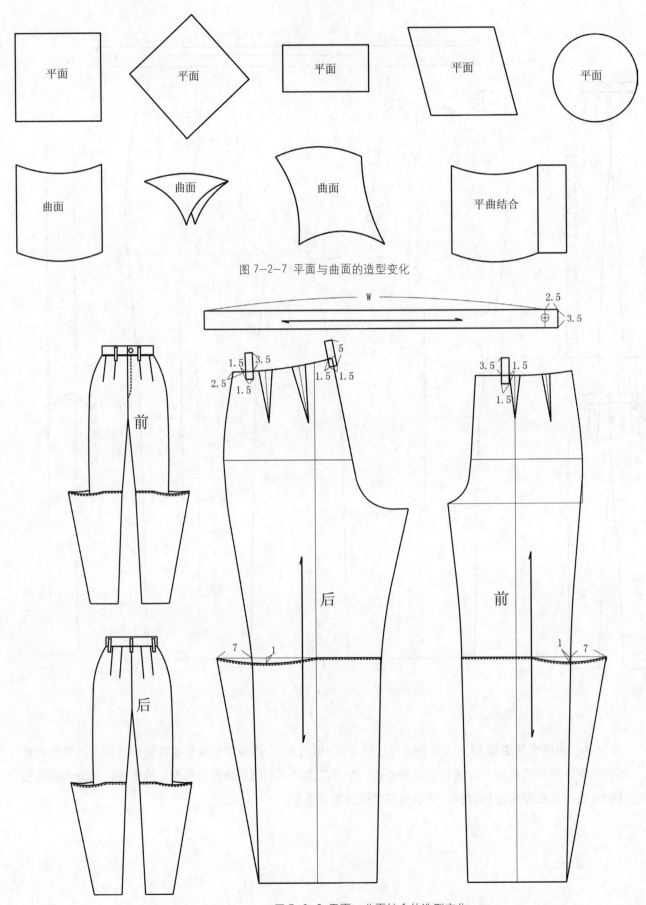

图 7-2-7 平面与曲面的造型变化

图 7-2-8 平面、曲面结合的造型变化

第三节 体在裤腿上的结构设计原理与方法

体在服装设计中的概念不同于现实生活中体的概念，现实生活中的体，具有广义上的深度与厚度，是点、线、面运动轨迹的集合。服装中的体不仅是点、线、面的合拢和分离形成的集合，更有色彩、面料所呈现出的不同质感。

裤身某些部位具有明显凹凸感的整体造型，使整个裤身在一定程度上具有很强的体积和分量感。体在裤子上的表现形式主要是通过裤身、零部件和装饰物来表现。

传统意义上的实用装，体的外观表现形式在视觉效果上并不明显，褶是裤装中常见的一种含蓄体的表现形式，它与裤省的结合，使它在一定程度上具有了裤子的功能性，而它的断缝形式则使所收余量呈现出张扬与随意的感觉，形成裤装中体的形态，余量的放开加大了裤身某个部位的肥度与宽度，从而适应了某些款式上的特殊效果，同时也增加了人体的活动量。因此，裤装中的体具有功能性与装饰性双重特性。从制版方法与工艺制作技巧上分析，褶的形式主要分两大类：一是自然褶、二是规律褶。

一、自然褶

自然褶又称自由褶，是指在规定的范围内，进行不同方向的褶皱堆积，面料呈现出立体的厚重纹理，其形式灵活性强，可将面料进行有序的折叠、堆砌，整体形态或依附于人体，或脱离人体，外观上具有起伏流动的线条，具有随意律动感。自然褶主要分两种形式，一种是收取褶量时的随意性，对褶量没有确切的距离、数量、尺寸、大小等方面的要求；另一种形式则是将裤身的某一个部位打开，所增加的尺寸量在裤身中形成自然的波浪型皱褶，这种形式多出现在裤口或裤身的装饰物上，被称为波浪褶。

裤装中自然褶收取时对于褶量的大小、多少、长短没有确切的规定，但抽褶时褶量不宜过大，褶距均匀一些为最好。当自由褶收取不当时，往往会出现不协调的膨胀或不对称感，夸大人体的缺陷。波浪褶则应该注意波浪的均匀与大小。

（一）缩褶

缩褶主要有位置、大小不同两种形式。位置上可以采用任何一个部位进行缩褶处理，如果所要收的褶出现在腰部，这些缩褶中必然会隐含省量（图7-3-1），因此具有裤装的功能性的特点，若脱离省量的部位所出现的缩褶，则是装饰意义的褶（图7-3-2、图7-3-3）。

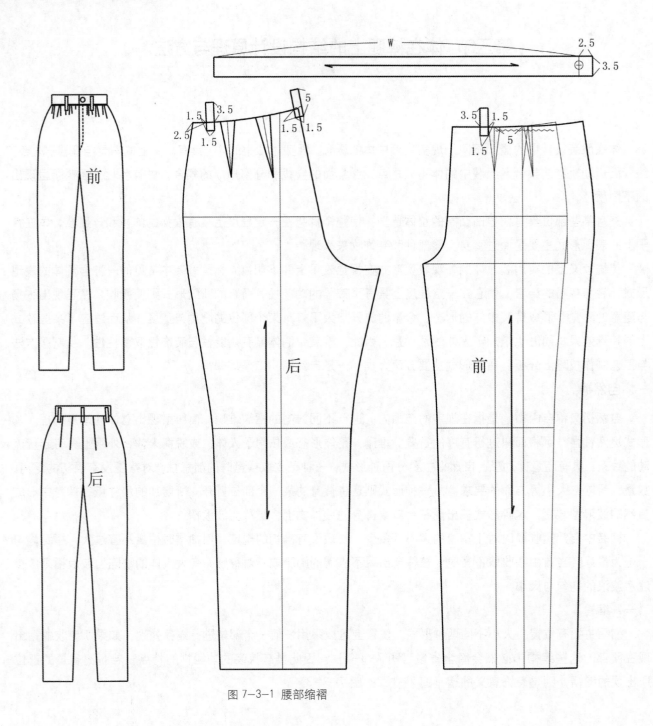

图 7-3-1 腰部缩褶

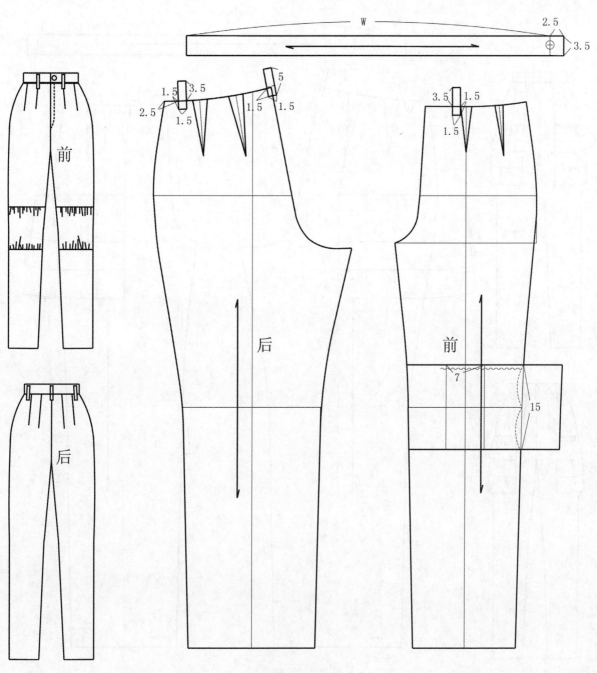

图 7-3-2 裤身局部缩褶 1

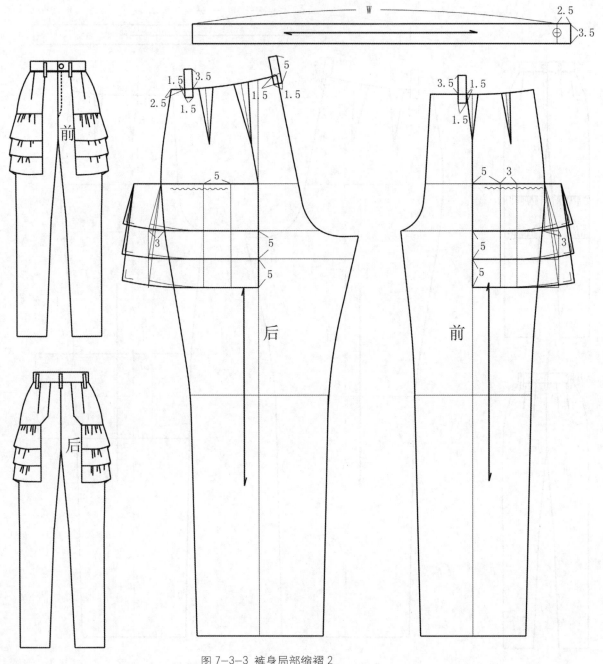

图 7-3-3 裤身局部缩褶 2

（二）波浪褶（图 7-3-4、图 7-3-5）

　　波浪褶又称垂坠褶，是在两个单位起褶，形成疏密变化的曲线褶，具有波浪的起伏效果，在人体着力点向下形成自然悬垂的褶皱。波浪褶的形成是由于上下围度尺寸的长短不同而造成的波浪状褶皱，相差尺寸越大，形成的波浪褶越多，同时尺寸小的一边的弧线弯度越大。为了避免波浪褶的大小、距离不均匀，应注意尺寸添加量的大小和距离的一致性。当波浪褶的一边与腰围线相重合时，可将省量转移其中，使其完成波浪褶造型的同时，又具有服装的功能性。波浪褶还可以与裤身的结构相脱离，形成裤身装饰的一部分。

　　在裤装结构设计中波浪褶与缩褶的表现形式多种多样，有长短、位置、大小之分。

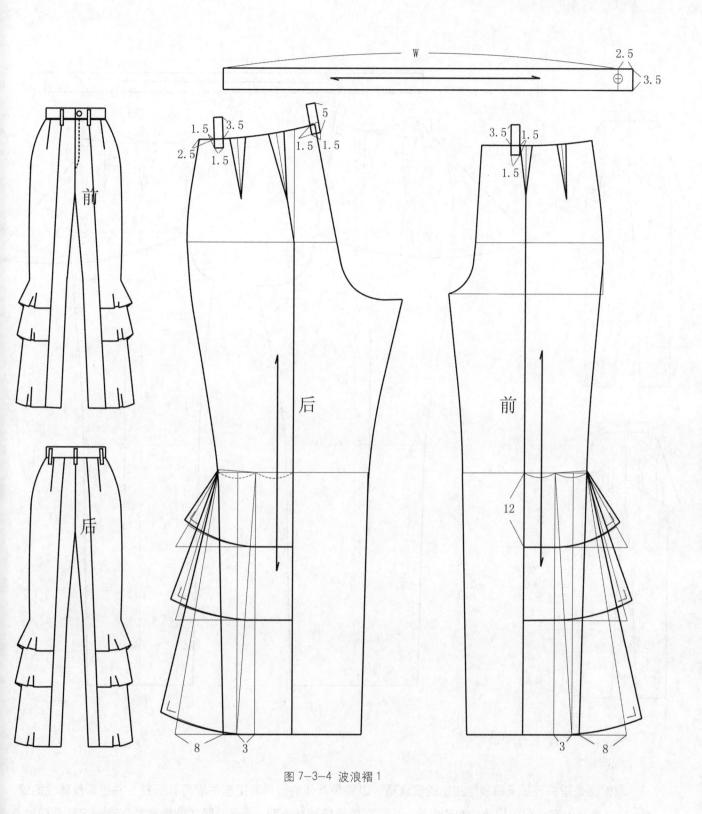

图 7-3-4 波浪褶 1

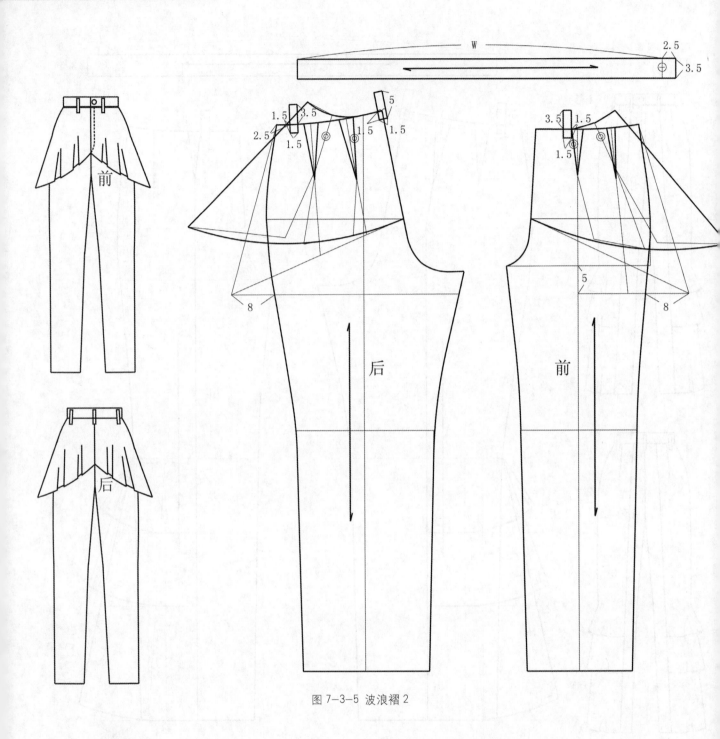

图 7-3-5 波浪褶 2

二、规律褶

规律褶是指将存在于服装结构中的多余量，以某种具体的规则的工艺手段将其折叠，并进行规律性的缝纫，它从直观上有一定的规律性和秩序性，并能有效地控制其造型，而且对服装的造型特点有一定的预期性。从工艺手法上主要分为工字褶和顺褶两种形式。

裤装中的规律褶与裙装的规律褶的制版方式相同，运用方法上也相似，主要有位置，造型、长短、工艺手法上的区别。

1. 工字褶（图 7-3-6）

裤装中的工字褶在结构制版和工艺制作上有很大的相似性，不同的裤型应合理选择工字褶在裤型中的数

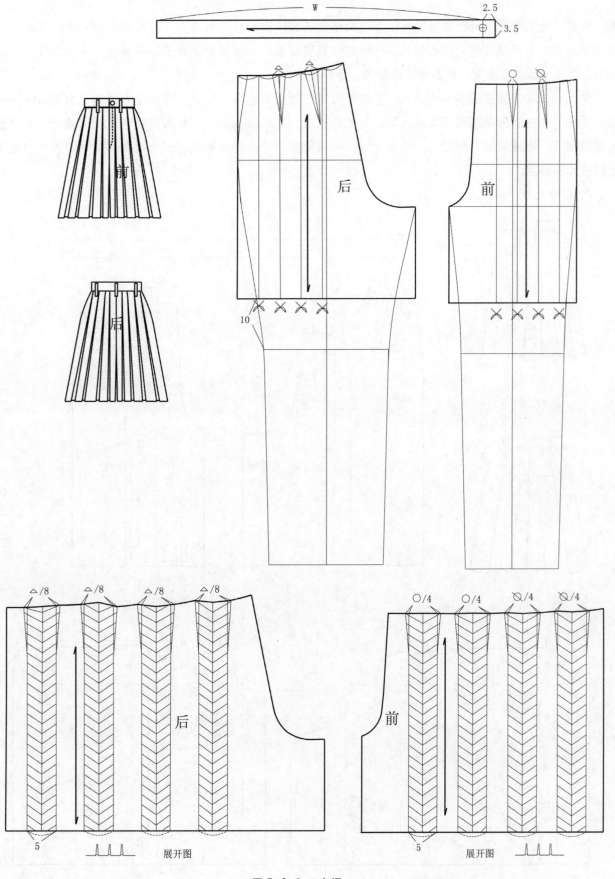

图 7-3-6 工字褶

量、位置、造型变化。裤褶数量的多少直接关系到裤装的制版技巧与方法，当裤褶达到一定数量时，应以裙裤制版方法来代替传统的裤型制版；裤褶的位置变化多样，在腰围处的工字褶多含有省量的成分，脱离裤型功能性位置的工字褶，则属于装饰褶的一部分。

制版时先确定褶量的多少、大小、造型及位置，然后将施褶的部分加放相应的尺寸，供工艺制作时褶量的折叠。如在腰围处施褶可直接在臀围处加放相应尺寸的放松量，以臀围宽度确定所需裤长，并用直线连接腰围线。测量腰围与臀围之间所差尺寸，并将所差尺寸平均分配给每一个褶裥，褶裥的大小和造型可根据设计来确定。

2. 顺褶（图 7-3-7）

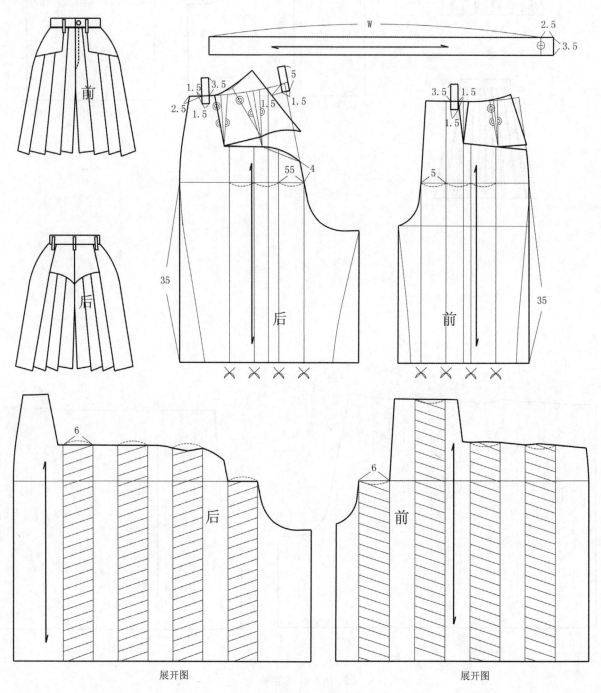

图 7-3-7 顺褶

　　顺褶是指褶裥方向一致的褶型，或左或右，或以一点为基点相向或相反的进行折叠。顺褶与工字型褶的制版技巧与方法基本相同。如果需要腰臀合体，同样将腰臀的差量均匀地分配到褶量中，区别在于工艺制作时褶量的倒向，将确定倒向的褶量固定在腰头上，或熨烫或不熨烫，或暗缝或不暗缝。

【课后练习】

（1）练习不同结构线的制版。

（2）练习不同装饰线的制版。

（3）结构线与装饰线的结合制版练习。

（4）不同面的结构制版练习。

（5）体的结构制版练习。

（6）点、线、面、体的裤装结构设计与制版练习。

【课后思考】

（1）如何更好地将结构线与装饰线运用到裤装中。

（2）如何进行不同面的制版及灵活运用。

（3）体与裤装结构设计的关系。

（4）如何更好地将线、面、体三者有效地结合起来。

第八章 裤子变化款结构设计原理与方法

【学习内容】

（1）紧身裤的结构设计原理与方法。

（2）喇叭裤的结构设计原理与方法。

（3）锥形裤的结构设计原理与方法。

（4）筒裤的结构设计原理与方法。

（5）阔腿裤的结构设计原理与方法。

（6）灯笼裤的结构设计原理与方法。

（7）裙裤的结构设计原理与方法。

【学习重点】

（1）不同廓型裤装的结构设计原理与方法。

（2）不同廓型与局部设计相结合的规律和技巧。

（3）不同廓型结构设计变化的灵活运用。

【学习难点】

（1）不同廓型裤装的结构设计原理与方法。

（2）不同廓型裤装点、线、面、体的合理运用与制版方法。

（3）不同廓型裤装局部设计的运用技巧与制版方法。

第一节 紧身裤结构设计原理与方法

一、紧身裤的结构特点

紧身裤是休闲时尚的裤型之一，由于其裤型贴近人体造型，从而显现女性特有的腿部优美曲线而备受大众所喜爱，款式特点为合体造型，臀部有适量的松量，裤身贴体，由裤身逐渐向裤口收缩，裤口窄小，裤长至脚背或踝骨处，给人以优美、端庄、休闲、简便的视觉效果。制版时，前后腰处各设一省或根据腰臀差的大小选择无省效果，又或以结构线的形式将省量转移其中。

二、紧身裤的制版

（一）所需尺寸 （表8-1-1）

表 8-1-1 紧身裤制版所需尺寸 单位：cm

号型	部位名称	臀围(H)	腰围（W）	臀长（HL）	上裆长（D）	裤口宽	腰头宽	裤长（L）
160/66A	人体净尺寸	90	66	17	25	/	/	100
	成衣尺寸	90	66	17	25	17	3.5	95

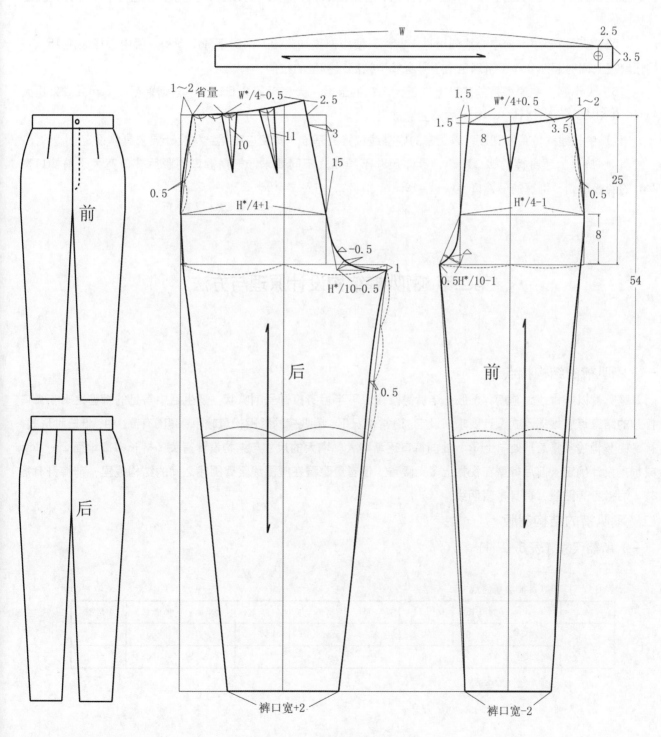

图 8-1-1 紧身裤结构制版

（二）结构制版（图8-1-1）

（1）臀围。臀围尺寸多以净尺寸或加1～2cm的放松量作为成衣的臀围宽度。

（2）腰围。根据腰位线的具体要求确定腰围尺寸。

（3）裤省。将臀、腰差以省的形式收掉，此款为前片两个省量，后片四个省量。

（4）前后侧缝线。由于紧身裤的造型主要在于腰、臀、腹、腿的合体性，而呈现出紧瘦的裤装造型，因此在前后侧缝线处向里进1.5cm左右，胖势划顺至臀围线处，同时以裤口宽为基准进行下半部分的侧缝线划顺。

（5）前后中心线。前中心线向里进1.5cm，使腹部更加紧瘦，同时下降1.5cm；后中心线采用15∶3的倾斜度，同时起翘3cm，来满足由于紧身裤型裆部对裤型的拉伸。

（6）大小裆。在原型裤的基础上进行大小裆的缩减，大裆采用8.5cm，小裆则采用3.5cm，或采用大裆H/10-0.5cm，小裆H/10-1cm的形式完成。

（7）中裆线的位置和宽度。以正常的中裆线位置为基准；宽度应根据结构设计要求具体设定。

（8）裤口。紧身裤的裤口窄小，具体尺寸不同款式不同要求，根据裤口制版后裤口宽大于前裤口宽2cm的制版原则，例裤的后裤口=17+2=19cm，前裤口=17-2=15cm。

第二节 喇叭裤结构设计原理与方法

一、喇叭裤的结构特点

喇叭裤以髌骨线为基点，下肢上半裤身紧瘦，下半裤身打开呈喇叭状，是生活中常见的裤型之一，裤口打开的结束点应根据款式设计要求来设定。通常情况下，喇叭裤的臀围松量较小，腰围有高、中、低三种形式，裤身由髌骨线（膝盖）处向上3cm处向裤口逐渐增大，增大的尺寸与结构设计有关，裤长多离地面2～3cm或根据设计确定，前后裤型在视觉上多无腰省，但省量隐藏在腰围线至臀围线之间的结构线里，前裤身有插袋，后裤身有贴袋，裤身多辑明线。

二、喇叭裤的结构制版

（一）所需尺寸（表8-2-1）

表8-2-1 喇叭裤制版所需尺寸   单位：cm

号型	部位名称	臀围（H）	腰围（W）	臀长（HL）	上裆长（D）	裤口宽	腰头宽	裤长（L）	中裆宽
160/66A	人体净尺寸	90	66	17	28.5	∕	∕	100	∕
	成衣尺寸	92	68	15	23	25	3.5	100	20

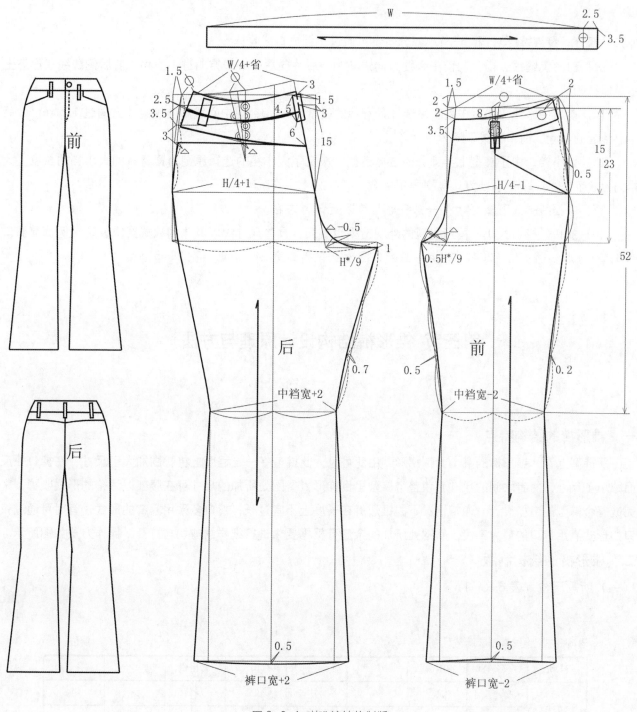

图 8-2-1 喇叭裤结构制版

（二）结构制版（图 8-2-1）

（1）臀围。由于喇叭裤的臀围松量较小，所以加放尺寸可在净尺寸的基础上加 0.5 ～ 1cm，前后臀围差在 3cm 左右。

（2）腰围。W/4+ 省（臀围与腰围之间的尺寸差）。

（3）省。省量在制版过程中通过结构线、降低腰位等方法使省在外观上消失。后腰省通过降低腰位线和育克将大部分省量对调，所剩少量省尖在侧缝线或后中心线收掉；前腰由于腰围线的降低，一部分省量剪掉，一部分省量被裤腰对调，还有小部分省量可通过侧缝或口袋收掉。

（4）前后侧缝线。前片向前中心线方向进 2cm，后片向后中心线方向进 1.5cm，前后侧缝线在形态上尽量保持相似。

（5）前后中心线。①后中线斜度选择紧身裤的斜度 15 ∶ 3，前中心线向前侧缝线方向进 1.5cm；②后中心线起翘 3cm，前中心线下降 2cm。

（6）大小裆。由于裤型上半部分的合体造型，决定了大小裆的选择原则为紧身裤的大小裆的长度。大裆为 H（净臀围）/9，小裆为 0.5H 净臀围 /9。

（7）中裆线腰头下降 52cm，一般在髌骨线以上 3cm 左右。

（8）裤口。裤口大小不同所呈现的外观造型也不同，具体尺寸应以具体的款式要求设定。例裤前裤口 =26−2cm−24，后裤口 =26+2=28cm，总裤口围度 = 前裤口宽 24+ 后裤口宽 28=52cm。

第三节 锥形裤结构设计原理与方法

一、锥形裤的结构特点

从裤型上看，锥形裤的廓型为倒梯形。由此可见，此裤型在一定程度上将臀围加大了尺寸，在裤口处反而减小了尺寸，两者之间的尺寸差使整个裤型呈倒梯形，臀围处所加的尺寸可在腰部以活褶的形式收掉，来完成整个裤型的造型设计。通常情况下的锥形裤在长度上不宜过长，裤口多采用紧窄的形式，有时可通过衩口的形式满足裤口的最大窄度。臀围处所加的余量可根据要求进行纸样的剪切与打开，操作方法如图所示。

二、锥形裤的结构制版

（一）所需尺寸（表 8-3-1）

表 8-3-1 锥形裤制版所需尺寸　　　　　　　　　　　　　　　　　　　　　　单位：cm

号型	部位名称	臀围(H)	腰围（W）	臀长（HL）	上裆长（D）	裤口宽	腰头宽	裤长（L）
160/66A	人体净尺寸	90	66	17	28.5	/	/	100
	成衣尺寸	100	68	17	28.5～30	16	3.5	100

（二）结构制版（图 8-3-1）

（1）臀围。在裤原型上制版，加放臀围尺寸，省量的大小和省数的多少是影响臀围大小的关键。

（2）腰围。在原型腰围的基础上适当加放所需尺寸来确定腰围的造型和大小。例裤在净腰围的基础上增加了 9cm，去掉基样本身的省量，所剩尺寸就是需要将腰围打开，腰围剪开打开时的长度或至髌骨线或至裤口，打开的长度不同，裤型也不相同。

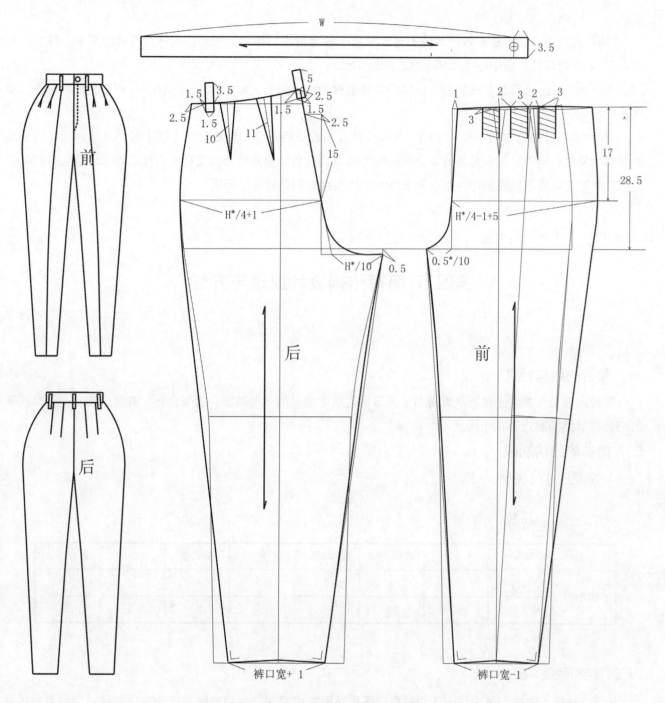

图 8-3-1 锥形裤结构制版

（3）省。裤型成倒梯形的造型决定了腰围和臀围量的增加和裤口的收缩，省量的大小实际上决定了倒梯形的造型，将臀围与腰围差的 9cm 以活褶的形式收在腰围线上。省位，以挺缝线为基准，每相隔 2 ~ 3cm（推荐数据）设定一个省位，直至将多余量全部收掉。后片省量应根据设计要求进行变动，一般情况下保持基样的省量造型不变。

（4）前后侧缝线。由于利用纸样剪切法增加腰部所需增加的尺寸量，因此侧缝线的造型基本与基样的造型相似，与髋骨线的侧缝线划顺即可。但是如果腰围打开的量较大，内、外侧缝线塑造的符合人体腿部的裤型已经偏移了人体腿部形态，可以直线条与裤口连接，并与裤口线呈直角。注意臀围线与裤口线之间内、外侧缝线的流畅性。

（5）前后中心线。由于锥形裤的上半部分属于较为宽松的裤型，因此在选择锥形裤的后中心线的斜度时以 15：2.5 为最佳；前中心线向侧缝线方向进 1cm。

（6）大小裆。选择常规裤型的大小裆作为锥形裤的大小裆长，大裆为 H（净臀围）/10；小裆为 0.5H（净臀围）/10。

（7）裤口。裤口进行相应地收缩，所收尺寸应与设计相符合，当裤口尺寸较小时，可选用衩口的形式满足其功能性，同时又具有装饰效果。侧缝线与裤口的交角以直角的形式完成，因此应延长侧缝线寻找与裤口的直角形态，或直接在挺缝线处上升 0.5cm，用曲线与侧缝线连接即可。

第四节 筒裤结构设计原理与方法

一、筒裤的结构特点

筒裤因造型在视觉上呈筒状而得名，是日常生活中常见的一种裤型，腰臀合体，裤身成筒状，其结构制版与基样裤结构制版基本相同。

二、筒裤的结构制版

（一）所需尺寸（表 8-4-1）

表 8-4-1 筒裤制版所需尺寸   单位：cm

号型	部位名称	臀围(H)	腰围（W）	臀长（HL）	上裆长（D）	裤口宽	腰头宽	裤长（L）
160/66A	人体净尺寸	90	66	17	28.5	/	/	100
	成衣尺寸	92	68	17	25	21	3.5	100

（二）结构制版（图 8-4-1）

（1）臀围。此裤型属于较合体的裤型，所以臀围宽度采用合体裤的臀围结构设计制版。即在基样的基础上前、后片各增加 0.5cm，后臀围 =H*/4+1+0.5cm；前臀围 =H*/4−1+0.5cm。

（2）腰围。腰围则在基样的基础上后腰围 −0.5cm，后腰围 =W*/4−0.5；前腰围 =W*/4+0.5cm。

（3）省。省量的多少应根据省量的大小和设计要求来确定，通常情况下，以前后各两个省量的形式或前后各四个省的形式出现。一个后省的省位多在 W/2 处，两个省则设 W/3 处；一个省位的前腰省在挺缝线处，两个省的前省，挺缝线处一个，另一个在挺缝线至前侧缝线 /2 处，省量倒向侧缝线。

（4）前后侧缝线。前后侧缝线的造型与基样的裤型制版相同。分别向前后中心线的方向进 1 ~ 2cm，前后侧缝线造型基本相同。

（5）前后中心线。后中心线选择合体裤的斜度 15：3，起翘 2.5 ~ 3cm；前中心线向侧缝线处进 1.5cm，同时下降 1.5cm。

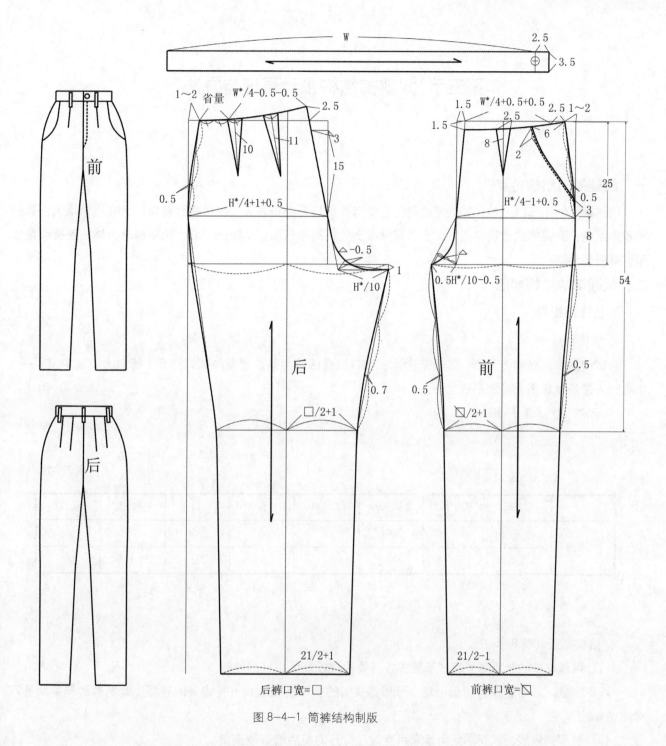

图 8-4-1 筒裤结构制版

（6）大小裆。大裆宽度以基样的大裆宽度为准，为 H*/10；小裆宽为 H*/10-0.5cm。

（7）裤口。通常情况下，裤口宽度选择要小于髌骨线宽度 1～2cm，从理论上讲似乎裤腿小于髌骨线应该呈锥形裤的造型，其实不然，成型后的裤子在视觉效果上却呈上下等宽的筒形裤的造型。相反，若将裤口以髌骨线等宽的形式出现，外观上反而有微喇的形态。裤口选择直线造型，侧缝线与裤口交角不上升、不下降。

（8）裤长。裤长多选择为基本裤长，也可根据结构设计的具体要求进行设定。

第五节 阔腿裤结构设计原理与方法

一、阔腿裤的结构特点

阔腿裤是休闲裤的一种，其造型的变化主要与裤腿打开的量有关，从横裆至裤口，尺寸逐渐增大，裤型较随意洒脱，有裙裤的造型特点，适合现代都市女性的高雅气质。从外形上看，阔腿裤有合体阔腿裤和宽松阔腿裤两种形式。

二、阔腿裤的结构制版

（一）合体阔腿裤

1. 结构特点

合体阔腿裤从结构上分析，其臀部合体，裤口以臀围线为基点逐渐向裤口打开，裤口大小适中呈"A"字造型，是春秋休闲女裤的形式之一。

2. 所需尺寸（表 8-5-1）

单位：cm

表 8-5-1 合体阔腿裤制版所需尺寸

号型	部位名称	臀围(H)	腰围(W)	臀长（HL）	上裆长（D）	裤口宽	腰头宽	裤长（L）
160/66A	人体净尺寸	90	66	17	28.5	∕	∕	100
	成衣尺寸	92	68	17	28.5～30	33	3.5	100

3. 结构制版（图 8-5-1）

（1）以基样裤的制版形式完成裤腰围线、臀围线以及大小裆的绘制。

（2）省量。若希望没有省量出现，可根据裤省的各种变化形式进行省量的转移，此例裤选择前后各四个省的形式。

（3）前后侧缝线。以臀围线为基点用直线与打开的前后裤口线连接。

（4）裤口。后裤口在基样的基础上向两边增加 7.5cm（推荐数据），前裤口在基样的基础上向两边增加 4.5cm（推荐数据）。

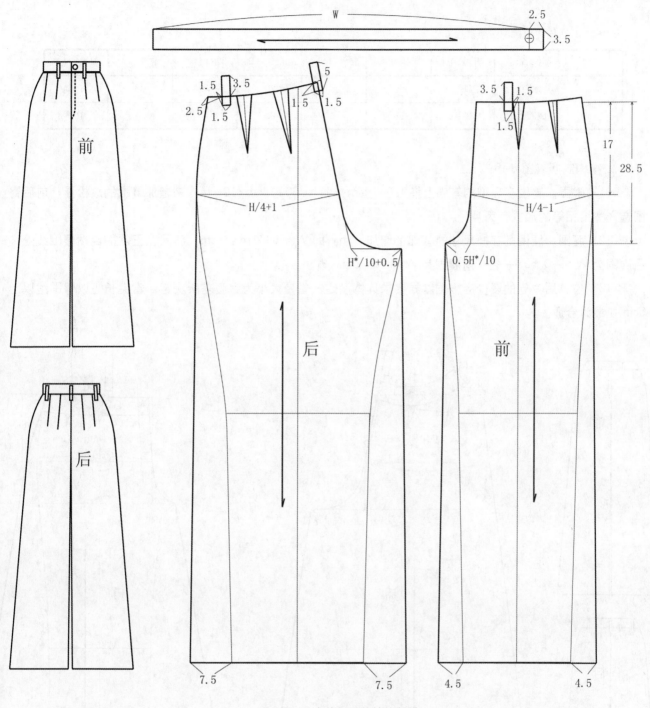

图 8-5-1 合体阔腿裤结构制版

（二）宽松阔腿裤

1. 结构特点

宽松式阔腿裤与合体的阔腿裤根本区别在于臀围的放松量和裤口的大小，腰围合体，臀围放松，腰位有高、中、低三种不同形式，其整体造型放松舒适，是常见的休闲裤装之一。

2. 所需尺寸（表 8-5-2）

表 8-5-2 宽松阔腿裤制版所需尺寸   单位：cm

号型	部位名称	臀围（H）	腰围（W）	臀长（HL）	上裆长（D）	裤口宽	腰头宽	裤长（L）
160/66A	人体净尺寸	90	66	14	22	／	／	100
	成衣尺寸	104	68	14	22	37.5	3.5	100

3. 结构制版（图 8-5-2）

（1）臀围。臀围在原型的基础上增加了 14cm，即 H=90+14cm=104cm，来增加臀围的放松量；前后臀围选择宽度相等的形式，为 H/4。

（2）腰围。腰围则在净尺寸的基础上增加 2cm，即 W=66+2cm=68cm，腰围在正常的自然腰围线处。后腰围为 W/4-0.5cm+ 省，前腰围为 W/4+0.5cm+ 省。

（3）省。后片省的多少应根据款式要求具体设定，省量大小为臀腰差所决定，省尖长短以臀围线以上 5cm 处最为合适。

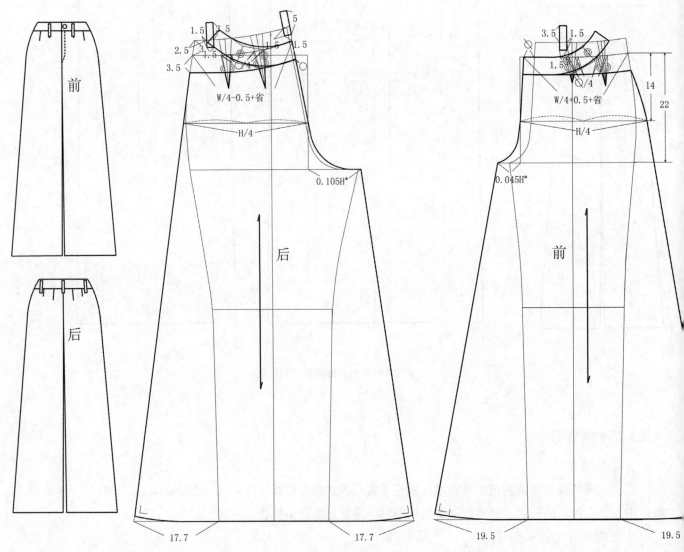

图 8-5-2 宽松阔腿裤结构制版

228

（4）前后侧缝线。前后侧缝线所进尺寸与原型的制版方式相同，前后片侧缝线的造型相似。

（5）前后中心线。后中心线的倾斜度为 15∶3，上升 3cm；前中心线倾斜度为向侧缝线方向撇进 1cm，同时下降 1cm。

（6）腰围线。选择低腰的裤型，在原型的基础上前后腰围线下降 2.5cm，同时在下降的尺寸上取裤腰的宽度为 3cm。

（7）大小裆。大裆为 0.105H，适当增加了长度，小裆为 0.045H，与基样相比适当降低了长度。

（8）裤口。在基样的基础上后裤口向两边各加 17.7cm，前片也在基样的基础上向两边各增加 19.5cm。整个裤口宽大舒展。

第六节 灯笼裤结构设计原理与方法

一、灯笼裤的结构特点

灯笼裤属于休闲裤之一，臀围松量较大，腰围以缩褶或活褶的形式完成，裤长在髌骨线以上或以下，裤口放松，通过褶裥或碎褶的形式将裤口余量收起，裤型宽松舒适呈灯笼造型，是现实生活中常见的一种休闲裤型。

二、灯笼裤的结构制版

（一）所需尺寸（表 8-6-1）

表 8-6-1 灯笼裤制版所需尺寸　　　　　　　　　　　　　　　　　　　　　　　　　　单位：cm

号型	部位名称	臀围(H)	腰围（W）	臀长（HL）	上裆长（D）	裤口宽	腰头宽	裤长（L）
160/66A	人体净尺寸	90	66	17	28.5	/	/	100
	成衣尺寸	108	68	17	28.5	17	3.5	100

（二）结构制版（图 8-6-1）

（1）臀围。由于灯笼裤属于宽松裤的一种，因此臀围宽度应适当加大尺寸量，成衣臀围为 H+18cm（推荐数据）=108cm，后臀围为 H/4-1cm=108/4-1=26cm，前臀围为 H/4+1cm=108/4+1=28cm。

（2）腰围。后腰围以抽褶的形式消化臀围与腰围的差量，前腰围以活褶的形式完成臀围与腰围的差量，可根据差量的多少确定活褶的多少，一般情况下收两个以上活褶。

（3）省。将后腰省以缩褶的形式收掉，前省根据臀围与腰围差的量平均分成 3 等份，并将每一份以活褶的形式完成，第一个靠近前中心线的活褶以前挺缝线为基准收省量大小，每相隔 2cm 收取所剩两个省量的大小。

（4）前后侧缝线。后侧缝线向里进 1cm，胖势与臀围线划顺；前侧缝线向里进 1～2cm，胖势划顺，与后侧缝线造型相似。

（5）前后中心线。此类裤型属于宽松式的造型，因此后中心线的倾斜度较小，多为15:2.5，与臀围宽相连接；前中心线同时向里、向下1cm，并与臀围线直线连接。

（6）大小裆。小裆在臀围宽与立裆深的交点向外作0.045H，用曲线划顺至臀围线，方法与基样制版相同。大裆在小裆深的基础上向下1cm，长度为0.105H，用曲线连接后片的臀围线。

（7）裤长。灯笼裤的裤长应根据不同的设计要求来确定，或长或短形式不一。但日常生活中常见的灯笼裤以短款为主，多在髌骨线以上。

（8）裤口。灯笼裤的造型主要是通过臀围的加大和裤口的加肥，然后再以缩褶或活褶的形式将加肥加大的尺寸量收缩在腰围和裤口处，整个形态呈灯笼状。腰围所要收的褶量以正常腰围肥度为基准，而裤口所收的尺寸，应根据结构设计要求确定，一般情况下在净尺寸的基础上加1～2cm的放松量，放松量的大小以不妨碍人体正常穿脱和基本活动量为准。

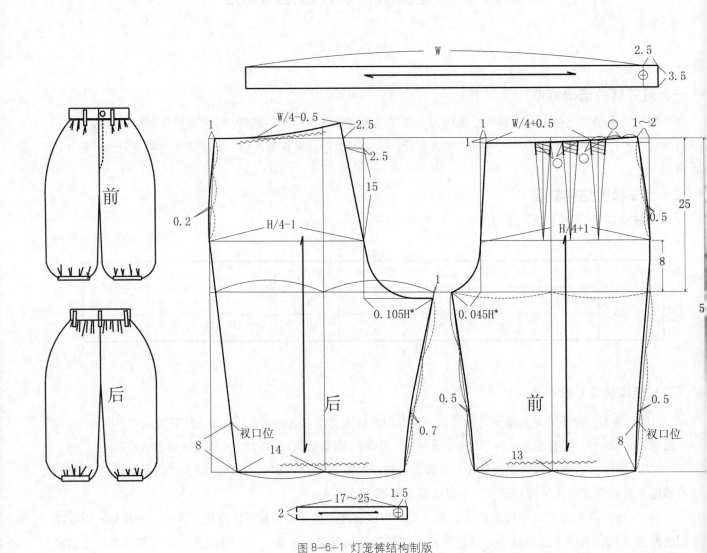

图 8-6-1 灯笼裤结构制版

第七节 裙裤结构设计原理与方法

一、裙裤的结构特点

裙裤是裙装与裤装的结合体，它既有裙子宽松飘逸的结构特征，又有将两腿分开的裤装造型，它与阔腿裤在外观造型上有很强的相似性，但阔腿裤在结构上更加符合臀围以上的人体造型，而裙裤更加舒适与随意，有裙装的某些功能与特点。裙裤裤口的大小决定了裙裤的外观造型，增加裤口的大小可通过省量转移形式，也可通过直接在侧缝线处进行尺寸的加放等形式完成，裤口增加的同时，裙裤的臀围宽度也会相应的增加，使裙装的飘逸感增强。此类型的裤装备受夏季女性的青睐。

二、裙裤的结构制版

从裙裤制版方式上看，裙裤有两种制版方式。①在裙原型的基础上进行的裙裤结构制版。此例裙裤是在原型裙的基础上完成的，极大的保留了裙子的特征，只是在裙子前后中心线加了大小裆，此裤型大小裆深，后中线的倾斜度为15：0，臀腹不服帖，形态上裙装的特征更显著。②在角度裙的基础上进行裙裤结构制版。此例裙裤是在角度裙的基础上完成的，可做90°裙裤和180°裙裤，裙摆较大，裤口形成均匀的波浪形态。

（一）在原型裙基础上的裙裤结构制版（图8-7-1～图8-7-3）

1. 所需尺寸（表8-7-1）

表8-7-1 裙裤制版所需尺寸   单位：cm

号型	部位名称	臀围(H)	腰围（W）	臀长（HL）	上裆长（D）	腰头宽	裤长（L）
160/66A	人体净尺寸	90	66	18	27	/	50
	成衣尺寸	94	68	18	27	3	50

2. 结构制版

（1）臀围。臀围在净样基础上加放一定的尺寸，尺寸的多少根据裙裤的肥瘦程度确定。以裙型的制版方式确定臀围的尺寸量，为$H^*/2+2cm$（推荐数据）。

（2）腰围。后腰围为$W^*/4-1cm+$省量（后臀围与后腰围的尺寸差）；前腰围为$W^*/4+1cm+$省量（前臀围与前腰围的尺寸差）。

（3）省。省量的多少与设计有关，可遵循裙装或裤装的省量设计原理来设定。通常情况下臀围与腰围差数的大小决定省量的大小与多少。

（4）前后中心线。由于具有裙子特征，后中心线的倾斜度相对来说较少，刘瑞璞老师的裙裤的后中心线取消了倾斜度，还有很多形式裙裤的制版形式，所做的倾斜度也较少，多在0.5～2cm之间，由此可以看出裙裤的后中心线的造型是宽松的，并没有裤子对人体的塑形性。此款裙裤的后中心线的制版选择向里进1cm，后中心线下降0.5cm或不下降，直线与后片臀围线相衔接；前片中心线向里进1cm，用直线与前片臀围线划顺。前后中心线也可以保留原裙前后中心线不进1cm。

（5）大小裆。大小裆的宽度受人体臀围的大小限制，臀围大，大小裆大，反之则小。

（6）前后侧缝线。后侧缝线向里进1.5cm，同时上升1.5cm的后起翘，胖势划顺至后片臀围线处；前侧缝线向里进1.5cm，同时起翘1.5cm，胖势划顺至前臀围线。前后侧缝线造型基本相似。

（7）前后内侧缝线。由于人体走路时须两腿交互前行，必然会在一定程度上导致内侧缝线的相互摩擦，同时过大的内侧缝线也会造成不必要的堆积，产生视觉上的不美观。因此对裙裤的前后内侧缝线的扩大要有一定的限制，不宜过大，在 2cm 以内即可。

（8）裤长。裤长应根据结构设计要求确定，可长可短。

（9）裤口。裤口的大小和造型也应根据结构设计要求确定，若将腰围处的省量转移到裤口，则裤口受省量大小和长短的影响很大，不转移省量可有效地控制裤口的尺寸大小。

图 8-7-1 裙裤 1 结构制版

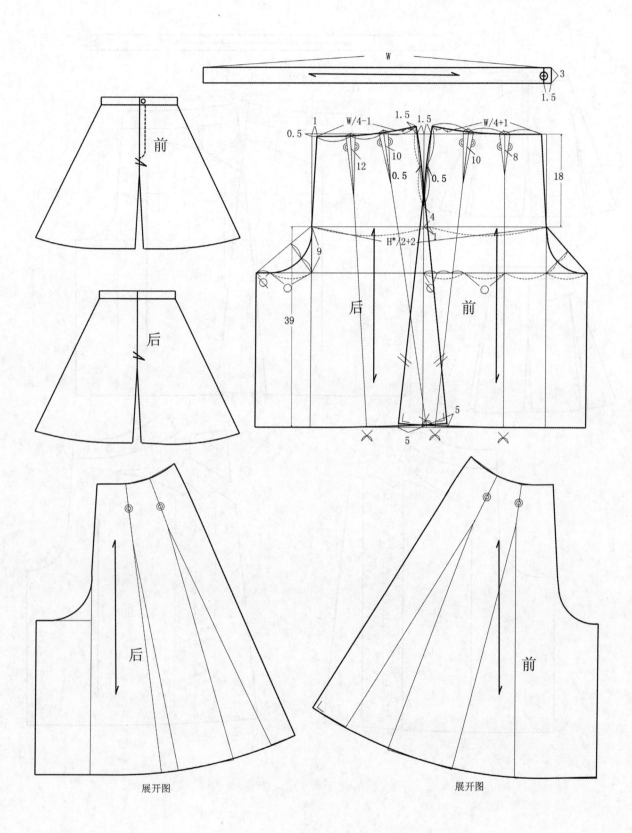

图 8-7-2 裙裤 2 结构制版

图 8-7-3 裙裤 3 结构制版

（二）在角度裙基础上的裙裤结构制版（图8-7-4）

1. 所需尺寸（表8-7-2）

表8-7-2 裙裤制版所需尺寸　　　　　　　　　　　　　　　　　　　　单位：cm

号型	部位名称	臀围（H）	腰围（W）	臀长（HL）	上裆（D）	腰头宽	裤长（L）
160/66A	净尺寸	90	66	18	27	3	50
	成衣尺寸	94	66	18	27	3	50

2. 结构制版

以90°裙为例。180°裙裤与90°裙裤制版相同，在此不再赘述。

（1）在90°裙的基础上制版。

（2）以腰位线与前后中心线的交点为基点，向下测量臀围线位=18cm，再下降1/2臀围深=18÷2=9cm，确定立裆深线。

（3）作立裆深线的垂直线，长度为前片原型裙H/3，用直线连接臀围线，立裆深与前中心线的交角引出线段交于前裆与臀围线连接的直线上，并与其垂直。取此线段的1/2，用曲线连接臀围线、前裆宽。

（4）以前裆宽为基点引出裙裤长，与前中心线相平行，修正裙裤口线。

（5）后片制版与前片相同，只是后裆长度在前裆长的基础上又增加了2.5～3cm。

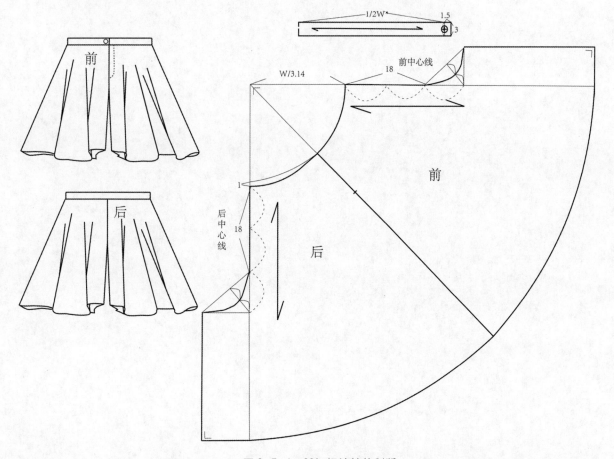

图8-7-4　90°裙裤结构制版

【课后练习】

（1）紧身裤、喇叭裤、锥形裤、筒裤、阔腿裤、灯笼裤、裙裤的结构制版练习；

（2）针对不同类型的裤型进行创新性结构设计与制版。

【课后思考】

（1）不同裤型结构制版的原理与方法。

（2）不同裤型创新性设计规律与技巧。

（3）如何在不同裤型的基础上进行举一反三。

参考文献

[1] 张文斌 . 服装结构设计 [M]. 北京：中国纺织出版社，2007.

[2] 张文斌 . 服装工艺学（结构设计分册）（第三版）[M]. 北京：中国纺织出版社，2008.

[3] 陈明艳 . 女装结构设计与纸样 [M]. 上海：东华大学出版社，2012.

[4] 杨新华，李丰 . 工业化成衣结构原理与制版（女装篇）[M]. 上海：中国纺织出版社，2007.

[5] 吴清萍 . 经典女装工业制版 [M]. 上海：中国纺织出版社，2006.1.

[6] 刘瑞璞，刘维和 . 女装纸样设计原理与技巧 [M]. 北京：中国纺织出版社，2003.3.

[7] 张文斌 . 服装女装结构设计 [M]. 北京：高等教育出版社，2010.4.

[8] 侯东昱 . 女装成衣结构设计—下装篇 [M]. 上海：东华大学出版社，2012.5.

[9] 鲍卫兵 . 图解女装—新版型处理技术 [M]. 上海：东华大学出版社，2012.10.

[10] 申鸿，王雪筠 . 图解女装纸样设计 [M]. 北京：化学工业出版社，2010.5.

[11] [日] 文化服装学院 . 服饰造型讲座 . ①～⑤ [M]. 张祖芳等译 . 上海：东华大学出版社，2005.

[12] [日] 中泽愈 . 人体与服装 [M]. 袁观洛译 . 北京：中国纺织出版社，2003.

[13] 甘应进，陈东生 . 新编服装结构设计 [M]. 北京：中国轻工业出版社，2002.

[14] 邹奉元 . 服装工业样版制作原理与技巧 [M]. 浙江：浙江大学出版社，2009.

[15] 刘晓刚，崔玉梅 . 基础服装设计 [M]. 上海：东华大学出版社，2003.

[16] 徐青青 . 服装设计构成 [M]. 北京：中国纺织出版社，2007.

[17] 张文斌 . 服装结构设计 [M]. 北京：中国轻工业出版社，2001.